千葉縣

監修者——五味文彦／佐藤信／高埜利彦／宮地正人／吉田伸之

［カバー表写真］
明治16年水産博覧会ポスター

［カバー裏写真］
「三面川鮭採卵之図」

［扉写真］
第５回内国勧業博覧会の千葉県水産館陳列場
（1902〈明治35〉年）

日本史リブレット 90

「資源繁殖の時代」と日本の漁業

Takahashi Yoshitaka
高橋美貴

目次

資源保全史の視点で描く漁業・漁政史

本書は、おもに十九世紀における日本、さらには欧米諸国における漁業および漁政《ぎょせい》▲の歴史を、資源保全史という視点から描いてみようとしたものである。資源保全史とは、自然資源に対する人びとや社会の考え方、接し方あるいは政策などを歴史的に明らかにするという視点をさす。

では、なぜ、本書は十九世紀をおもな分析対象にすえるのか。資源保全史という視点で何がみえるようになるのか、という問題とあわせて、まず説明しておこう。

本書が十九世紀をおもな分析対象にすえる理由の一つは、この時代に、歴史上はじめて、水産資源の減少に対する危機意識が世界的規模で生み出され、資

▼**漁政**　漁業政策のこと。農政・林政との対比で、本書では漁政という言葉を使う。

源問題への取組みの必要性がこれまた世界的規模で意識化されてくる時代であったことにある。いわば世界的な広がりをもつ水産資源問題が「誕生」した時代、それが十九世紀であった。このような状況は、必然的にその自然資源に対する科学的な知識や、場合によっては伝統的な知識の収集・蓄積を促すとともに、生業や政策のあり方にも大きな影響をおよぼしていくこととなる。本書の中身を先どりしていえば、この時代は、水産資源をはじめとする自然資源の「繁殖」を進めることが各国のスローガンとなった、「資源繁殖の時代」であった。本書の課題の一つは、このような世界的状況のもとで、日本においてどのような漁政が進められたのか、それは国内の漁業やそれに携わる人びとにどのような影響をあたえることになったのか、そもそもそのような動きを促した世界的状況とは具体的にどのようなものだったのか、といった問題を考えることである。それを通して、資源保全史上における十九世紀の画期性と特徴とをみとおすことが、本書のねらいの一つとなる。

なお、このような課題を本書のねらいとした背景には、近年蓄積を増した環境史研究の動向を意識したこともある。とくに注目される成果に、水野祥子氏の『イギリス帝国からみる環境史――インド支配と森林保護』がある。水野氏は同書で、現代における環境保護主義の系譜の一つとして、十九世紀後半以降に進む、自然資源を対象にした産業政策と自然資源に対する科学的知識の拡大とを位置づけた。水野氏は、この問題に、インドの森林をめぐる政策と科学とを素材にアプローチを行っているが、同様の検討が今後、他の自然資源をめぐる政策と科学の動向についても求められてこよう。本書は水野氏のように二十世紀までをみとおして論証を行うことはできていないが、その前提作業として、十九世紀という時代は、水産資源問題が国際的なレベルで意識化されていく一つの画期であったことを、それに強く規定されながら進められた同時代の日本における漁政の動向をとおして明らかにしてみたいと考えている。

ところで、明治時代前期(十九世紀末)の日本の漁政は、さきほど述べたような十九世紀の世界的状況から大きな影響を受けて進められていくが、その一方で、この時代の国内では、水産資源保全にかかわる伝統的な慣習や制度に大きな関心が向けられてもいた。具体的には、水産資源保全を意識して江戸《えど》時代に生み出された慣行や制度が各地で発掘され、行政によって政策のなかに取り込まれていくのである。逆にいえば、日本国内には、すでに江戸時代から、水産資源保全を意識した制度や慣習にかかわる、一定の歴史的な蓄積が存在したということになる。それがまた、明治時代前期の漁政のあり方を規定したのである。本書のいま一つの課題は、江戸時代の日本列島において生み出された、このような慣行や制度の具体像と、それが明治期の漁政に取り込まれていく過程を明らかにすることである。それをとおして、日本列島の漁業や漁政を素材とした資源保全史を、十八世紀にまでさかのぼって描き出してみたい。

こうして、本書の構成は、十九世紀の日本の漁業・漁政史をとおして、それを取り囲む同時代的状況として欧米における漁業・漁政のありさまを照らし出すとともに、その時代の日本の漁業や漁政を規定することになった日本国内の歴史的な蓄積を十八世紀にまでさかのぼって明らかにする、という枠組みからなる。「資源繁殖の時代」において日本の漁政がおびることとなった特徴を、同時代の世界的状況という空間的広がりと、江戸時代からの歴史的規定性という時間的広がりのなかで浮かび上がらせてみたいというのが、本書のコンセプトである。日本の時代区分でいえば、本書が検討を加える時代は、江戸時代の後期から明治時代の前期となる。

このような作業を行うことで、日本の漁業史・漁政史を世界史的な枠組みのなかに位置づけていくことが可能になるのではないか、というのが本書のいまーつのねらいである。これまで、日本の漁業の歴史や政策・制度の歴史は、ともすれば日本国内のみに視野が限定される傾向が強かった。農業史・農政史や林業史・林政史など他の産業史が、同時代の世界的動向との関わりを強く意識しながら描かれてきたことと、その点では対照的であった。日本の漁業史研究——とくに近世・近代の漁業史研究——はそのような視点が弱く、それが漁業史研究を特殊部門史的な枠組みのなかに押し込める理由の一つになってきたようにも思われる。

もとより、本書の記述だけでそのような状況を打破することはむずかしいかもしれないが、日本漁業・漁政史のあらたな記述の可能性をみいだすための試みの一つにはなりえよう。その際に、国内の漁業・漁政史とそれを取りまく世界史的状況とを結びつける視点として利用したいのが、前述した資源保全史という視点だということになる。

①—水産資源繁殖をめざす十九世紀末の日本

資源繁殖政策の登場

一九九五(平成七)年十月の秋田県で、「しょっつる」▲の原料として有名なハタハタ▲の漁が解禁された。秋田県の漁業協同組合(漁協)が県民魚でもあるハタハタの全面禁漁に踏み切ったのはその三年前、一九九二(平成四)年の秋だった。三年間の全面禁漁をへてハタハタ漁が解禁された一九九五年は、禁漁前の二倍のハタハタがとれたという。

かつてハタハタの漁獲量は一九七五年まで秋田県だけで一万トンを超えていたが、年を追うごとに減り続け、一九九一(平成三)年には約七〇トンにまで落ち込んだ。ハタハタ全面禁漁という思い切った試みは、ハタハタ資源を保全しつつ地元産業を維持するためにとられた措置であったが、一九九二年一月に秋田県漁協連合会が禁漁を呼びかけたときには「漁師に魚をとるなというのか!」という強い反発があったという。

ところで、ハタハタの資源問題は、一九七〇年代にいたってはじめて生じた

▼**しょっつる**　秋田県沿岸でつくられる魚醤《ぎょしょう》(塩漬けにした魚介類を発酵させ、それを漉《こ》してつくる調味料)。しょっつる鍋の味付けに使われることで有名。

▼**ハタハタ**　ハタハタ科の海水魚。宮城県以北の太平洋・日本海・カムチャツカ・アラスカなどに棲息する。通常は、水深一〇〇〜四〇〇メートルの砂泥底に棲《す》むが、産卵期の十一〜翌一月ごろになると、水深数メートルの藻場に大きな群れであらわれる。

●—しょっつるを漉す

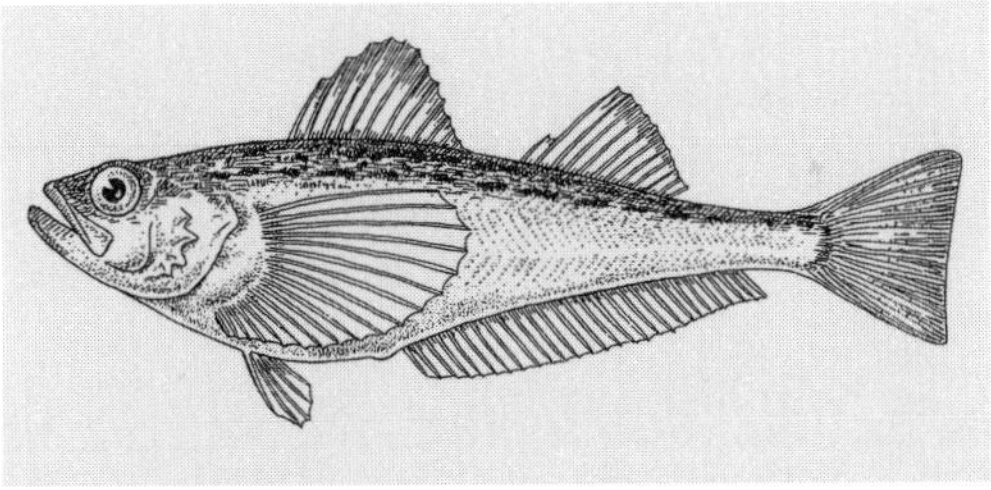

●――ハタハタ（鰰・鱩）

現代的な問題かというと、実はそうともいえない。すでに明治時代前期に、ハタハタの資源問題が注目された時代があったからである。実際、一八八二（明治十五）年の七月に、秋田県庁がつぎのような法令（甲第一〇八号）をだしていた。

> 水産資源の繁殖をはかることは現在の重要課題であるにもかかわらず、近年、川や海で魚の卵を採取する者がいる。とくにハタハタは本県の重要な物産であるにもかかわらず、その卵が採取されており、心得違いもはなはだしい。水産資源の繁殖をはかっていくうえで支障になるため、今後いっさい魚類の卵を採取してはならない。ただし、卵が波によって海岸に流れ寄せたときには、とってもかまわない。

さらに翌年の十一月には、「ハタハタは本県の重要な物産であるため、その繁殖を妨げないように十分注意せよ。とくに近年、手繰網《てぐり》（次ページ図参照）という底引《そこびき》網を使ってハタハタ漁を行う者が多くなったが、これはハタハタの資源繁殖に大きな障害となっている。このため、今後はハタハタ漁に手繰網を使うことを禁止する」（甲第七五号）と命じている。

ハタハタの産卵期は冬である。ふだん沖で生活しているハタハタは、産卵期

●──手繰網の操業のようす

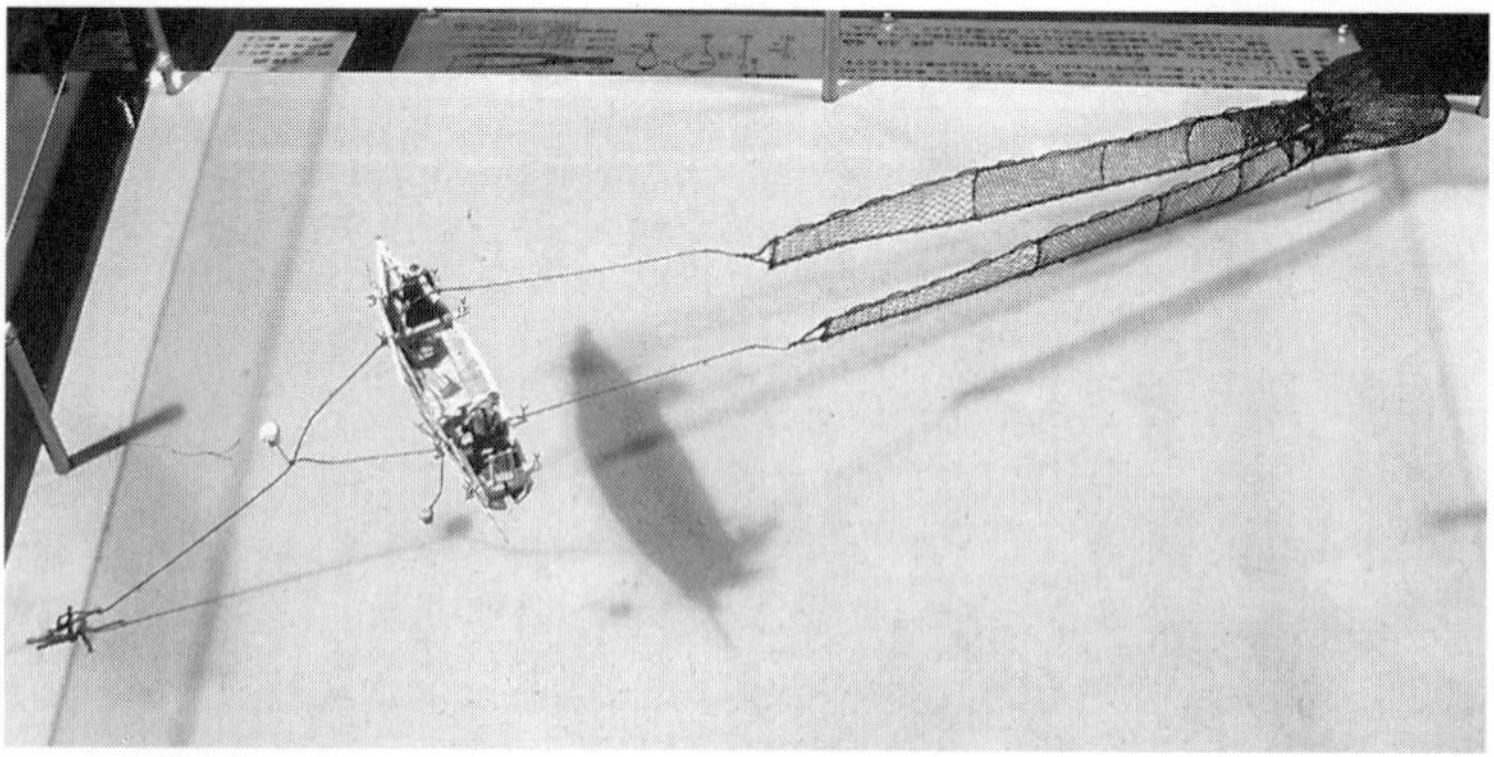

●──手繰網漁(模型)

になると群れをなして産卵のために岸近くによってくる。そして、沿岸にはえている海藻に盛んに卵を産みつける。漁民たちはそれを待ちかまえて荒れる日本海にこぎだし、群れをなしてやってくるハタハタを捕獲した。またこの季節には、ハタハタの卵も採取の対象となった。ハタハタの卵は「ブリコ」と呼ばれ、秋田県ではこの季節を象徴する食材となっている。また、ハタハタの卵は海藻に産みつけられるが、波が強いと海藻がちぎれてそのまま海岸に打ち上げられてしまうことがよくある。ただ、卵の膜は強く、打ち上げられたあとでもそのまま発育を続けて、ふたたび波に拾われて海に戻る。人びとは、海が荒れた翌日などに、波打ちぎわに打ち上げられたブリコを拾い、それも食材とした。

　秋田県は一八八二年の法令で、ブリコ拾いの慣行は認めるものの、海藻に産みつけられたブリコを直接採取することを厳禁したのである。とともに、翌一八八三(明治十六)年の法令で、このころ急速に数を増してきた手繰網のためにハタハタの産卵活動が妨害されているという理由で、その使用をやはり厳禁したのである。以上のことから、十九世紀末の秋田県が、水産資源の繁殖という理念のもとで、同県の代表的な水産物の一つであるハタハタ資源の保全に取り組んでいたことがわかる。

連発される資源繁殖法令

ここで気になるのは、この時期に秋田県庁がその繁殖に配慮を示した水産資源が、ハタハタだけではなかったということである。実は、これ以前の一八八〇(明治十三)年十二月、秋田県はつぎのような法令(甲第一七五号)を県内に発布していた。

本県は北西に日本海、内陸にはそれと連結した大河と大湖(八郎潟《はちろうがた》)を抱えている。地形的に水産資源に富み、漁業を生業とする者も多い。……しかし漁法や漁具が適切でないために、短期的な収益のみに目を奪われ、将来的な資源の繁殖に注意しない。このままでは、水産資源が減少・消滅してしまうことになるだろう。以前は水産資源の繁殖を維持するための慣行などもあったが、近年ではそれも消滅してしまった。あまつさえ川に毒薬を流して魚を乱獲する者さえいる始末である。これらの行為は水産資源の繁殖に大きな支障をおよぼすため、今後、薬物を使って魚をとることはもちろん、サケ・マス・アユなどの稚魚《ちぎょ》をとる漁具の使用も一切禁止する。

秋田県はこう宣言して、サケを中心とした水産資源繁殖に大きな配慮を示したのである。以後、同県では、水産資源の繁殖を目的として、産卵活動の保護や稚魚の保護などに関する法令が連発されていく（次ページ表参照）。ハタハタの資源繁殖に関する法令は、そのなかの一つだったのである。以上から、この時代の秋田県が水産資源の繁殖を政策的に推し進めようとしていたことがわかってくる。

では、これは秋田県だけにみられた特殊な動きだったのであろうか。実は、そうではない。秋田県が水産資源繁殖にかかわる法令をあいついで発していたこの時代、他の道府県でも水産資源の繁殖を目的とする法令が連発されていたのである。ここで一四～一五ページの表をご覧いただきたい。一九七一（昭和四十六）年に水産庁から『水産業共同組合制度史4（資料編Ⅰ）』という明治時代以降の漁業法令を集めた資料集が刊行されているが、この表はそのなかから、十九世紀末に道府県から発布された法令のうち、水産資源の繁殖に関連する法令をぬきだしたものである。

●—1880年代前半の秋田県における資源繁殖法令

発布年	法令番号	法　令　内　容
1880	甲第114号	①治水，②水産繁殖，③通船上の理由から簗・川留漁禁止
80	甲第115号	銚子口・河口などでのサケ・マスを目的とした刺網漁禁止
80	甲第175号	薬物投入・敷器・柴漬・持網によるサケ・マス・アユなどの稚魚捕獲禁止
80	丁第２号	「鮭魚蕃殖法」全12条(サケの産卵活動や稚魚の保護を定めた種川《たねがわ》の制度化)
81	第214号	八郎潟銚子口における雑魚間手網漁禁止
81	甲第171号	子吉川《こよし》・石沢川《いしざわ》・岩見川《いわみ》を「種川」に指定
82	丙第131号	河辺郡内の種川に区域明示のための標木設置
82	甲第108号	河海において諸魚の卵子採取禁止……とくにハタハタについて
82	甲第158号	雄物川・米代川・子吉川に標木設置→その下流での流網漁禁止
83	甲第75号	海湾におけるハタハタ手繰網の禁止

『マイクロフィルム版 内閣文庫所蔵府県史料(秋田県)』および『秋田県庁文書』「勧業課農業掛事務簿 漁業之部 明治十六年十一月ヨリ十二月マテ」16より作成。

一四～一五ページの表をみると、この時期、各地で、(1)産卵活動の保護や産み落とされた卵・孵化した稚魚の保護、(2)禁漁期や禁漁区の設定、(3)網目の制限など漁具・漁法の制限、(4)魚道の確保、(5)火薬・毒物の使用禁止などを命じる法令が連発されていたことがわかる。このうち(2)～(4)の内容は結局(1)に通じるものなので、この時期の水産資源繁殖にかかわる法令の重点が、産卵活動の保護と卵・稚魚の保護とにあったことがわかる。

なお、この資料集には、十九世紀末の法令については、わずかに一三の県で発布された漁業関係法令が、年代も法令数もアトランダムに収録されているにすぎない。それらは、この時期に道府県で発布された法令のほんの一部にすぎず、この表に示した法例数が少ないのはそのためである。実際、さきほど紹介した秋田県のハタハタ資源繁殖に関する法令もここにはおさめられていない。同県では一八八〇～八三(明治十三～十六)年のあいだだけでも、前ページの表に示したような法令が発布されていた。

このように、この時期の道府県で水産資源繁殖を目的とした法令が連発されていたとなると、これはとうてい偶然とは考えられない。その背後には、それ

1889(明治22)	山口県	県令甲第103号・海面漁業取締規則	海産物の繁殖をはかり漁業を保護するために「海面漁業取締規則」を制定
82(　15)	徳島県	徳島県令第52号	水産保護のため組合未加入者の漁業と漏斗網の使用禁止
94(　27)	徳島県	徳島県令第55号・水産取締規則	1：漁具・漁法の禁止＝①ミナトロ網・イクリ網・タイコチ網・マスヲイダケ網，②ウタセ網・漏斗網・手繰網・網目5寸につき20節以上の藻引網，③石灰・火薬など水産繁殖に障害となる物質，④治水に支障をもたらす装置，⑤ボラタタキなどのボラ建網，⑥ナマコ・アワビなど採取禁止の水産動植物指定(第13条)，2：禁漁期の設定＝①1～4月のアユ稚魚，②2～6月のボラ稚魚，③1～4月のウナギ稚魚，④10～12月のアメノウオ魚，⑤5～12月のハマグリ，⑥3～7月の真珠貝，⑦3～10月のトリ貝，⑧5～10月のナマコ，⑨10～翌1月のアワビ，⑩9～翌3月のテングサ，⑪1～7月および10～12月のカジメ(第14条)，3：漁獲禁止および禁漁期の海産動植物の販売禁止(第15条)，4：吉野川流域の特定箇所における特定漁業の禁止(第16条)，5：漁業組合は水産繁殖と漁業の発達とをはかり所属する漁場・漁業者の取締りを行い公益をはかることを目的とする(第19条)
89(　22)	愛媛県	県令第67号・漁業取締規則	1：水産繁殖および公益に支障のある営業の制限・取消(第5条)，2：潜水器械の使用禁止(第7条)，3：爆薬・毒物の使用禁止(第8条)，4：面河《おもご》川・隈《くま》川およびその支流における10～11月のアメノウオ漁禁止(第9条)
94(　27)	宮崎県	宮崎県令第7号・漁業取締規則	1：爆発物・毒物・潜水器の使用禁止(第4条)，2：水産繁殖上必要な場合には営業を制限・停止・禁止すること(第5条)，3：1～5月におけるアユ・ウナギ・ボラ稚魚の捕獲禁止(第7条)，4：漁業組合規約条項規定(第10条)
99(　32)	宮崎県	宮崎県令第27号・漁業取締規則	1：爆発物・毒物の使用禁止(第5条)，2：1～5月のアユ・ウナギ・ボラ稚魚の捕獲・売買禁止(第6条)，3：10～12月における河川での刺網・曳網のほか類似した網の使用禁止(第7条)，4：漁業組合規約条項規定(第24条)

水産庁編『水産業共同組合制度史4(資料編Ⅰ)』より作成。

●─19世紀末の資源繁殖法令

発布年	発布県	法令番号・法令名	法　令　内　容
1892(明治25)	岩手県	県令第9号・漁業採藻税取締規則	1：海岸近接のサケ留漁場は漁期なかばをすぎたのち3日間留場を取り払うこと(第2条)，2：その後7日間は上流村々でもサケ漁禁止(第2条)，3：梁・簀・サケマス留は船や筏の通行の支障とならぬよう設置すること(第4条)，4：潜水器などの使用制限(第5条)
88(　21)	宮城県	県令第3号・漁業取締規則	1：河海湖沼の水底に産卵された魚卵の採取禁止(第2条)，2：潜水器・火薬類・注毒によって漁業を行うことの禁止(第3条)，3：地獄網・河川の建網などの漁具の使用禁止(第4条)，4：禁漁期の設定(第5条)，5：流域などに障害をもたらす漁業の禁止(第6条)，6：河口および河口近傍海面をめぐる禁漁区と禁漁期の設定(第7条)，7：規則外の漁具でも有害と認めた時点で禁止すること(第9条)
85(　18)	秋田県	漁業採藻取締規則	1：毒薬・爆発薬を使った操業禁止(第19条)
89(　22)	秋田県	県令第117号・捕魚採藻取締規則	1：治水・水産繁殖などに支障のある持場・梁川留漁業の禁止(第11条)，2：水産保護・治水上の理由から以下の漁業を禁止＝①毒物・爆発物を使った捕魚，②通船のある河川での梁・川留漁，③特定河川域における禁漁期間の操業，④八郎潟での漏斗網使用，⑤6〜8月の八郎潟でのゴリ引網，⑥諸魚の卵子を採取すること，⑦全川面に網を張り渡しての操業(第19条)
75(　8)	千葉県	千葉県達明治8年3月乙第54号・千葉県漁業規則	1：産卵期におけるアワビの採取禁止(第7条)
79(　12)	新潟県	乙第91号	水産保護・水産資源繁殖を目的とした慣例・漁具・漁場などの調査命令
80(　13)	新潟県	甲第201号・鮭魚漁猟規則	1：サケ稚魚の捕獲禁止(第1条)，2：サケ漁禁漁期の設定(9〜12月の毎週日曜日6時〜月曜日6時の一昼夜)(第2条)，3：産卵された卵の採取禁止(第3条)
80(　13)	新潟県	番外	将来の繁殖を目的としたサケ稚魚・サケ卵子の採取禁止
81(　14)	新潟県	乙第10号	水産資源繁殖・保護の方法について調査・上申命令
81(　14)	新潟県	乙第92号	水産保護について詮議のことがあるため調査命令
82(　15)	新潟県	甲第225号・漁業採藻税徴収規則	1：水産繁殖を目的として設置された種川などを維持すること(第5条)
89(　22)	新潟県	県令第48号・漁業取締規則	1：水産繁殖など公益に反する漁業は禁止(第9条)，2：養殖場・種川・魚道となっている近海での漁業制限(第10条)

をうながした政府による漁政《ぎょせい》の動きが予想されてこよう。では、この時期の政府は、いったいどのような漁政の方針をもっていたのであろうか。

資源繁殖政策と明治政府

実は、この時期の明治政府もまた、水産資源の繁殖を意識した法令を立て続けに発していた。その出発点となったのは、一八八一(明治十四)年一月に内務《ないむ》省《しょう》▲から府県にあててだされた、つぎのような法令(内務省達乙第二号)だった。「水産資源の増殖をはかることは国家経済の重要な課題だ」。このときの法令で内務省はこう宣言したうえで、「にもかかわらず、廃藩置県《はいはんちけん》以来、国内では従来の慣習が破壊されたために、水産資源の繁殖に支障をおよぼす事態が多発していると聞く。十分調査を行い、漁業の保護と水産の増殖につとめるようにせよ」。当時、水産課▲をかかえていた内務省はこのような法令を発して、水産資源の繁殖に十分注意することを命じたのである。

同年四月、農商務省《のうしょうむしょう》▲が新設され、漁政の担当部局である水産課も他の勧業行政の担当部局とともに、内務省から農商務省に移されるが、その後も水産資

▼内務省　国内行政を管轄した近代の中央官庁。一八七三(明治六)年に設置され、警察・地方行政などのほか殖産興業《しょくさんこうぎょう》政策の推進を担った。このうち殖産興業政策については、一八八一(明治十四)年に農商務省が新設されると、そちらに移管された。

▼水産課　明治政府の水産行政担当部局は、一八七七(明治十)年に内務省勧農局に水産係が新設されたことから始まる。水産係は一八八〇年には水産課に昇格(調整・漁撈・採藻・蕃殖の四係体制)、翌八一年の農商務省設置にともなってさらに試製係を加えて五係体制に強化されたのち、八五年には水産局に昇格している(漁撈・試業・庶務の三課体制)。同局は一八九〇年の行政整理に際して農務局内の水産課に縮小されるが、九七年に再度水産局として復活している。

▼**農商務省**　農林水産業のほか工業などの産業・通商・労働行政を担った中央官庁。一八八一(明治十四)年に設置された際には、内務省や大蔵省などに分散していた農商務関係の事務を統合して、殖産興業政策の中心機関として機能した。

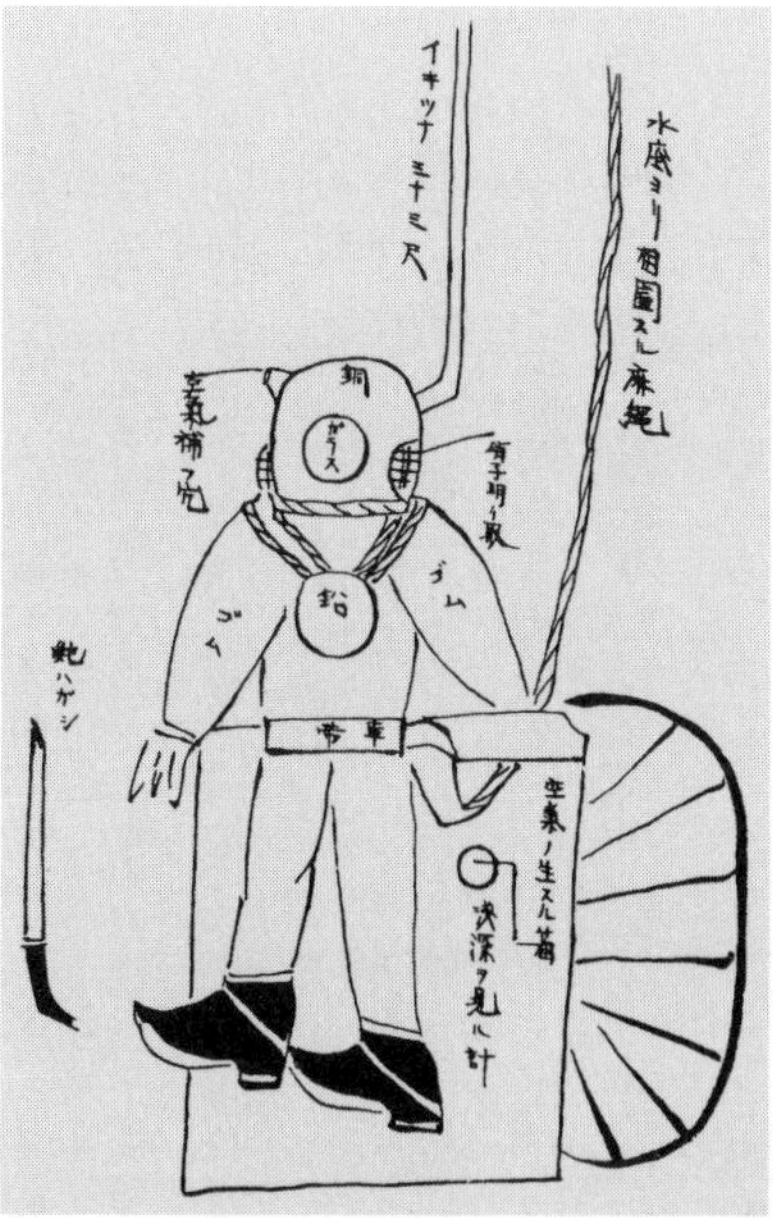

●──明治十五年七月十三日『潜水器械鮑漁并営業説明書』に添付された潜水器図

●──潜水用のヘルメットと潜水靴(左側)および鉛製の重り(右側)

源の繁殖という漁政の方針は維持された。そのような方針を農商務省にとらせたのも、「廃藩置県によって旧来の制度・慣習が廃止されたため、有害過酷な漁法が各地で行われるようになった。このため漁業の衰退を来しているところも少なくない」という状況認識だった(明治十五〈一八八二〉年『勧農局第六回年報』)。「有害苛酷な漁法」とは、のちほど述べるように、水産資源の繁殖に支障をもたらすような漁法をさす。

このような認識のもとで農商務省は、たとえば一八八二年にはアワビなど貝類の繁殖に支障をもたらしていた潜水器の取締りが必要だと考え、その取締方法を調査・検討のうえで上申《じょうしん》するよう沿岸部の府県にあてて通達をだす(農商務省達第五号)。また一八八六(明治十九)年には、各地の状況に応じて稚魚・稚《ち》貝《がい》や成長途上にある海藻類の捕獲・採取を制限するよう全国の道府県に対して通達(農商務省令第九号)をだし、さらに一八八九(明治二十二)年には、真珠貝《しんじゅがい》の乱獲を問題視して、その稚貝の採取や産卵期の操業を禁止し、真珠貝の生息環境を破壊する行為の規制を命じる(農商務省乙第二四一九号)といった対応を打ち出していった。

さきほど、この時代の道府県で水産資源の繁殖に関する法令が連発されたことを指摘したが、それは以上のような内務省・農商務省の示した方針に基づいたものだったのである。つまり、十九世紀末の日本では、水産資源の繁殖という言葉が漁政のあり方を特徴づけるスローガンの一つとして位置づけられていたことになる。以下では、このような水産資源の繁殖をめざした漁政を「資源繁殖政策▲」と呼ぶこととしよう。

資源繁殖と取締り

では、以上のような資源繁殖政策は、その政策現場にどのような影響をあたえていくことになったのだろうか。たしかに、資源繁殖政策は水産資源を維持・増殖することで漁業の維持とさらなる発展とを狙った政策であったが、実際には少なからざる困惑と混乱とを各地にもたらしていくこととなった。なぜなら、道府県で具体化されることとなった資源繁殖政策は、水産資源の繁殖を推し進めるというスローガンのもとで、特定漁具・漁法の使用禁止、あるいは特定の魚種や漁場に対する禁漁や操業の制限などという形で実施されることが

▼資源繁殖政策　繁殖という言葉は政策的な用語としては聞き慣れないものかもしれないが、一九一〇(明治四十三)年に刊行された『通俗最新水産全書』によると、水産資源の繁殖には、(1)水産生物の生殖や成長などに人工的に働きかけることでそれを進める人工繁殖と、(2)操業を制限・禁止したり水産資源の繁殖に支障をおよぼしている行為を取り締まったりすることでそれを進める保護繁殖とがあったとされている。すでに指摘したように、十九世紀末の日本では、水産資源の繁殖をめざした法令が全国で連発され、(2)の保護繁殖が政策的に推し進められていた。その一方で、同時期の日本では、サケの人工孵化・放流事業など(1)の人工繁殖も並行して進められていた。本書では(2)にかかわる動向をおもに取り上げるが、実際の資源繁殖政策はこの二つの政策を組み合わせて推進されたものであった。

▼警察　日本近代における行政警察は、一八七八～八〇年代後半に全国レベルで確立されていく。この時代の警察は、国家的な秩序や価値の押付け・強制と、国家的価値・秩序に反する民衆的価値・秩序の排除という、二重の役割を担いながら民衆生活に介入して、それを再編成する歴史的役割を担ったとされる。それは資源繁殖政策においても同様であった。

多かったためである。

このなかで、たとえば江戸時代から継続して行われてきた、とある漁業が、ある日突然、資源繁殖に反するという理由で操業停止に追い込まれるなどといった事態もしばしば発生した。とうぜん、それによって生業の一つを奪われることとなる漁師にしてみれば、おいそれとその命令に従うことなどできない。このため道府県には、資源繁殖に反する漁具・漁法が使用されていないかどうかに目を配る監視体制、そして、もしもそのような漁具・漁法が用いられていたときにはそれを差し止める強制力が必要となる。そのためにしばしば利用されたのが警察▲であった。

つまり、資源繁殖政策は、警察機構を動員した監視と強制のもとで、時に既存の漁業のあり方に抑圧的な政策として立ちあらわれることとなったのである。ここでは、さきに取り上げた秋田県を事例に、資源繁殖政策の政策現場でなにが起こっていたのかをみてみよう。

一八八六(明治十九)年十月、南秋田郡相染新田村《あいそめしんでん》(現秋田市土崎《つちざき》港相染町内)の漁師たちが村内を流れる雄物《おもの》川でサケ漁を操業していた。もちろん例年どおり

●──**流網漁**(茨城県編『湖川沼魚略図幷収獲調書』より)　2隻の船のあいだに網を張って流す。このほかに，2人の人間が水中にはいって，網の両端をもって張る歩行掛網もあった。

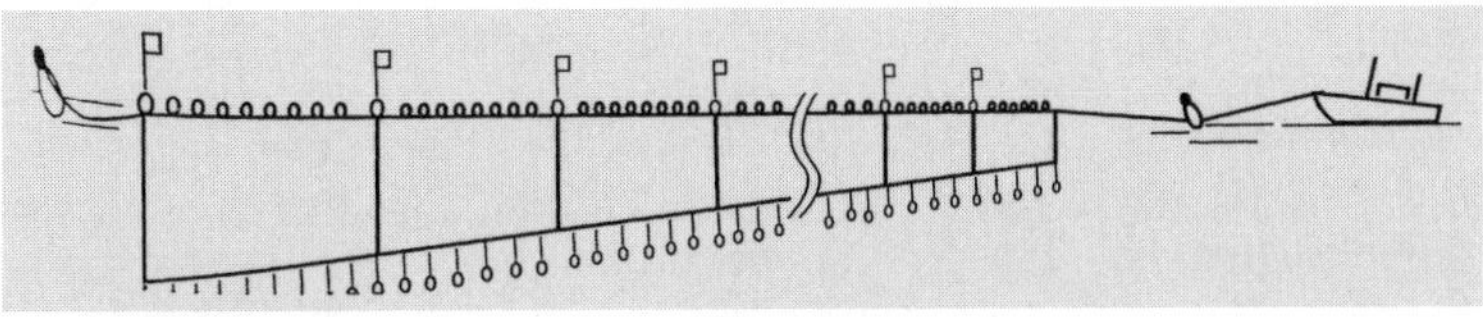

●──**刺網漁の概念図**　帯状の網を魚群の進路をふさぐ形で張り，網目に魚を刺さらせて漁獲する。

▼**流網・刺網**　流網漁とは、網を川にいれて舟とともに川をくだりながら、魚を網に絡ませたり刺さらせたりしてとる漁法。刺網漁とは、水中に網を垣《かき》のように張り、魚をその網目に刺さらせてとる漁法である。

の操業であったが、そこに土崎警察署の巡査がやってきて、漁師たちに、「上流の寺内《てらうち》村と土崎港との境界に設置された流《ながし》網・刺《さし》網▲禁止の標木のことを知っているか」、「一八八〇(明治十三)年に発布された法令の内容を知っているか」と質《ただ》した。この標木には、その場所よりも下流で流網・刺網を操業してはならないことが記されていたが、巡査はその内容を漁師たちに説明したうえで、「今後、村前の水面で流網・刺網を操業してはならない」と厳命していったのである。

実はこれ以前の一八八〇年、秋田県は水産資源繁殖を目的にして、県内を流れる河川の河口部周辺などでサケ・マスの刺網漁を禁止、さらに八五(明治十八)年には県内を流れる雄物川・米代《よねしろ》川・子吉《こよし》川の下流部に標木を設置して、それよりも下流で流網漁を行うことを禁止していた。この二つの法令によって、これらの河川下流域は流網・刺網ともに使用することのできない禁漁区に指定されてしまったのである。相染新田村のなかを流れる雄物川流域も、その禁漁区のなかに組み込まれてしまった。それは、相染新田村の漁師たちにとっては、流網と刺網という二つの生計手段を奪われることを意味した。困った同村は、流網と刺網の禁漁が命じられたあとにも、法令を無視して操業をそのまま続けるという行動にでる。もちろん、それは県庁からみれば違法操業で、一八八六年に巡査が相染新田村にやってきて、村前漁場での流網と刺網の操業停止を命じていったのは、そのためだった。

これに対して相染新田村はすぐさま、県庁に対して操業の継続を願い出る。「これは人びとの生活にかかわる問題だけに、安易に操業禁止といった処分がとられるべきではない」、「やるにしても、十分な実地調査と地元からの意見聴取をへたうえで、人びとの生計が成り立つような対策や保護を加えたうえで実施されるべきだ」というのが彼らの主張であった。

しかし県庁は、このような願いをすぐさま却下する。理由は、水産資源繁殖に支障があるため、というものであった。資源繁殖政策のもとでは、ひとたび資源繁殖に反する漁具・漁法と判断されると、徹底的な取締りの対象となったのである。

資源繁殖政策の現場から

もちろん、このような対応は秋田県だけに限られたものではない。そのことを確認するために、もう一つ、同時期の岩手県のようすもみておこう。

一八八三（明治十六）年十二月三日、岩手県の盛岡警察署に所属した成田廣時《なりたひろとき》という巡査が、上司である警部長に、とある上申書を提出した。成田はこの上申書で、「ホイドツクリ▲」とこの地方で呼ばれる漁法を取り締まることが必要だという提案を行っている。「ホイドツクリ」とは、竿《さお》の先に鳥の羽をつけ、それを水面で動かすことで、小魚たちに水鳥が狙っていると勘違いさせ、目の細かな漁網に追い込んで一網打尽にする漁法である。成田の上申書によれば、この「ホイドツクリ」という漁法で、雨のふった朝などには一朝で七、八升（およそ一三～一四リットル）の小魚を漁獲する者さえいるとされていた。成田は、稚魚の乱獲をもたらす漁法として「ホイドツクリ」に目をつけ、その禁止措置を求めたのである。この上申書はその後、警部長から盛岡警察署長をとおして県令《けんれい》島《しま》惟精《いせい》▲へと提出されている。

このような提言に対して、県庁はつぎのような反応を示している。

▼**ホイドツクリ**　鳥の羽を利用して魚を追い込み漁網で漁獲する漁法は、列島各地にみられる。典型は、麻縄《あさなわ》に鵜《う》またはカラスの羽をつけて魚をおどし、一定方向に追い込んだうえでそれを漁網で漁獲する鵜縄漁がある。琵琶湖《びわこ》でも、カラスの羽でアユを追い込むオイサデ漁が行われてきた。

▼**島惟精**　一八三四～八六年。元府内藩士《ふないはんし》。新政府に出仕後、民部省《みんぶしょう》官僚、岩手県参事《さんじ》・岩手県令、内務省官僚、茨城県令を歴任した。

●――**鵜縄漁**(『東京捕魚採藻図録』より)　鵜縄を水上に浮かべ，魚をおどして網のなかへ追い込む。

●――**琵琶湖の湖岸でコアユをとるオイサデ漁**　ホイドックリと同様に，黒い鳥の羽をつけたオイボウで，コアユをサデアミのなかに追い込む。

黒い羽を使って小魚を追い込み、目の細かな網で漁獲する漁法は、水産繁殖にもっとも支障をもたらすものであるため、すでに地獄《じごく》網という名前でその使用を禁止する規則が定められている。このため、改めてあらたな規則を定める必要はないが、人びとのなかには地獄網がなにをさすのかわからないまま、ホイドックリを続けている者がいる可能性もあろう。そこで、改めて告諭をだして注意を呼びかけることとする。

こうして岩手県は、成田の上申を受けてから二五日後の十二月二十八日に布達をだして、地獄網がどのような漁法であるかを説明のうえ、この漁法にはホイドックリなどの方言があり地方によって名称が異なることを述べて、その禁止を改めて通達したのである。

このような通達に対して、ホイドックリに従事してきた人びとがこののちどのような対応を示したのかは、残念ながらわからない。しかし、秋田県のケースでもみたように、県庁がある日突然停止せよと命じたとしても、それまで慣習的にホイドックリを続けてきた人びとがそうやすやすと操業を停止したとは考えにくい。実際、さきほどみたように、地獄網という名称でその使用が県庁によって禁止されたのちにも、ホイドックリなどの名称で地獄網の操業は事実上続けられていたのである。それは、名称の違い(方言)を利用して地獄網の使用を続けようとする、人びとの生活戦略であったと考えることもできよう。

以上から、資源繁殖政策が、警察を利用した監視・取締体制のもとで推し進められたことを改めて確認できる。そこでは、特定の水産資源の繁殖に支障をおよぼすと考えられた漁具・漁法を乱獲漁具・乱獲漁法として位置づけ、その排除が試みられた。秋田県の河口部で用いられた流網・刺網や岩手県で用いられたホイドックリは、その典型であった。このような体制のもと、資源繁殖政策はしばしば強い抑圧性を示しながら、既存の漁業のあり方や秩序に動揺をもたらすこととなったのである。

②―近世の資源保全慣行

岩手県の資源繁殖政策と旧慣

ところで、水産資源繁殖を命じた明治時代前期の法令をみていて気になるのは、しばしばそこに、江戸《えど》時代に各地で生み出された資源繁殖にかかわる慣習や制度が取り込まれていたことである。もちろんこの時代には、人工孵化《ふか》技術▲など欧米からもたらされた新技術も一部の地域で導入され資源繁殖政策に利用されていたが、一方で江戸時代に生み出された資源繁殖にかかわる慣習や制度の発掘・導入も進められた。つまり、江戸時代の日本列島にも、明治時代の漁《ぎょ》政《せい》に取り込まれていくような、資源繁殖にかかわる一定の歴史的な蓄積がすでに存在したということになる。以下では、その蓄積の中身を具体的な事例を素材としてみてみよう。まずは、さきほども触れた岩手県を事例として取り上げてみたい。

すでに述べたように、十九世紀末の岩手県でも、警察機構などを利用しながら資源繁殖政策が推し進められた。実際、一八七〇年代から九〇年代にかけて、

▼**人工孵化技術**　雌から卵を、雄から精子を採取して、人工的に受精・孵化させ、その稚魚を放流する技術。

同県でも資源繁殖に関する法令がつぎつぎと発布されている。たとえば一八七七(明治十)年一月二十日にはサケ稚魚《ちぎょ》の捕獲禁止令(坤第一二五号)が、そして八一(同十四)年九月二日には夜間のサケ漁禁止令(甲第一八三号)が発布された。

一八七七年の法令では、「サケというものは、毎年九・十月以降になると川に産卵し、その卵は翌春に孵化する。孵化した稚魚は川のなかで大きくなり、成長につれて徐々に海へとくだっていく。そして、ふたたび自分の生まれた川を遡上して戻ってくるのである」とサケの生態を説明したうえで、「したがって、もしもサケ資源の繁殖に注意せずに、孵化して川を泳いでいるサケの稚魚を捕獲したりすれば、サケ資源の源を絶つことになり、産業拡大という政府の方針にも反することになる。そこで、これ以後、大きな河川はもちろんのこと、その支流においても、サケの稚魚をとることを禁じる」と命じている。

一方、一八八一年の法令では、これ以前まで旧慣(旧来からの慣習)として夜間のサケ漁を禁じてきた海川では、その旧慣に従って今後もサケの夜漁を禁止すると命じている。岩手県の資源繁殖政策は、とくにサケをおもな対象として始まり、推し進められたのである。

ここで気になるのは、たとえば一八八一年の法令が、それまで夜漁禁止の旧慣がある場所を対象にして発令されていることである。つまり、この法令は、明治時代になってからあらたに発案されたものではなく、これ以前から―おそらく江戸時代から―存在した資源繁殖に役立つ旧慣を発掘して法令に取り込んだものだったということになる。では、それは一体、どこの、どのような旧慣を取り込んだものだったのであろうか。

旧慣としての「瀬川仕法」

ここで注目されるのは、岩手県宮古《みやこ》市の津軽石《つがるいし》を北流して宮古湾にそそぐ津軽石川（次ページ図の河川①）で、江戸時代に行われていた、「瀬川《せがわ》仕法」と呼ばれる漁業慣行である。この津軽石川の河口部にはサケ留漁場《とめぎょば》が設置され、河口部を取り囲むように所在した津軽石村・高浜《たかはま》村・金浜《かねはま》村・赤前《あかまえ》村という四カ村（浦廻《うらまわ》り四ケ浦《しかうら》。三二ページ図参照）によって共同で利用されていた。

サケ留漁とは、杭《くい》や簀《す》などを使って河中に留《とめ》をつくり、それで遡上をとめられたサケを引網などでとる漁法である。浦廻り四ケ浦では、このサケ留漁場を

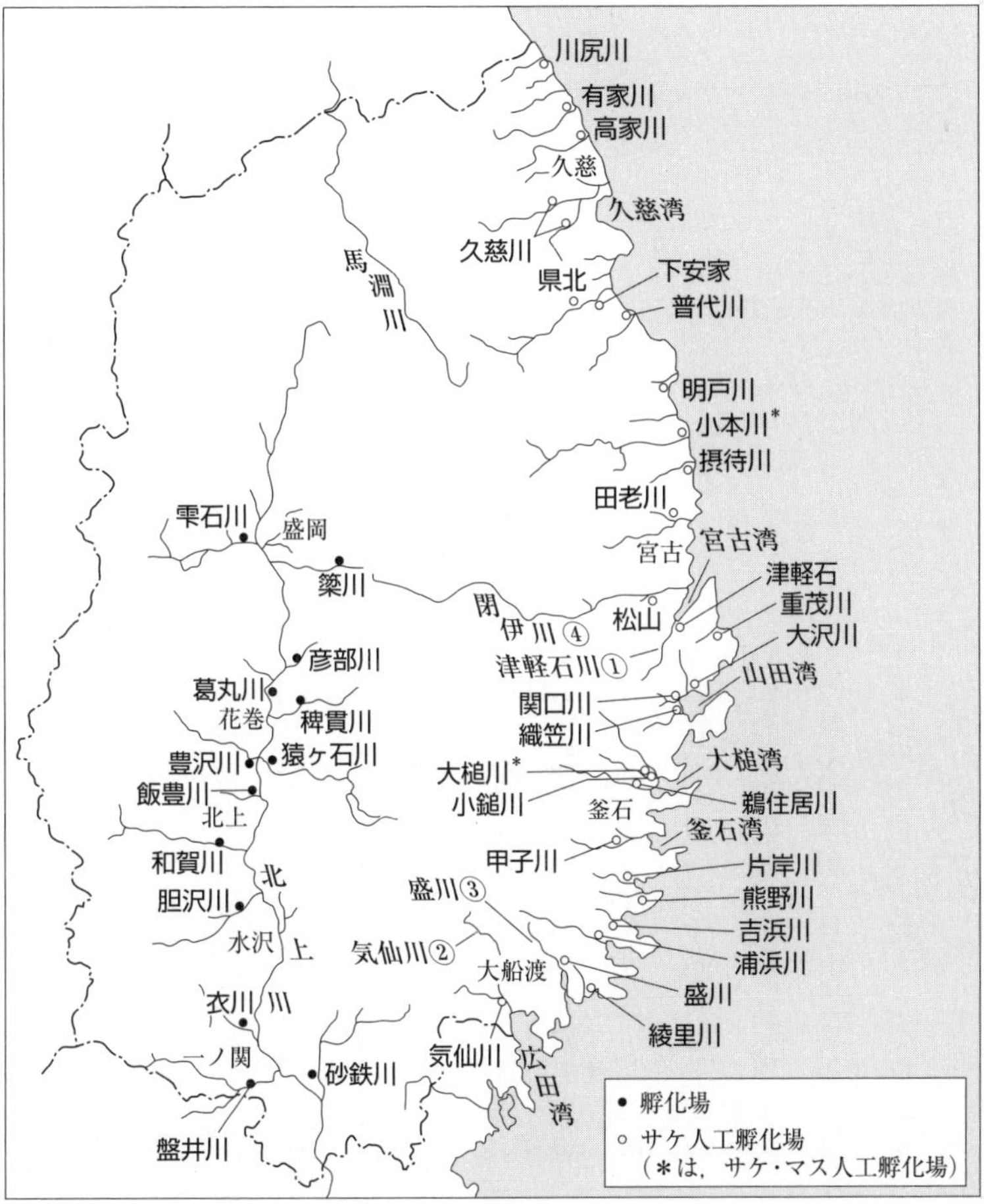

●──現在の岩手県における河川と人工孵化場（2007年現在，岩手県漁業協同組合連合会ホームページ〈http://www.echna.ne.jp/~akisake/index1.html〉より）

●津軽石川河口部の地図（佐藤重勝『サケ――つくる漁業への挑戦』より）

日替わりで利用していたが、そこには村々が共同で守らなければならない取決めが存在した。それが「瀬川仕法」と呼ばれるもので、その中身はつぎの二つからなっていた。一つは、操業時間は五つ時から四つ時まで（午前八〜一〇時ごろ）に限ること。そしてもう一つは、河川で孵化した稚魚を保護することであった。

一七四九（寛延《かんえん》二）年に浦廻り四ケ浦から提出された、とある願書によると、「瀬川仕法」はつぎのように説明されている。

> この漁場で操業をするときには、他の川とは違って、昼九つ時（正午ごろ）から夜中にかけてサケを川に遡上させ、卵をすべて産ませたうえで、翌朝の五つ時から四つ時にかけて（午前八〜一〇時ごろ）いっせいに操業を終えるようにしております。遡上したばかりのサケは魚の質もよく値段も高いので都合がよいのですが、遡上するサケを見境なくとってしまいますと、のちのち魚の資源（「魚種」）が減少してしまいます。そこでこの漁場では、サケの産んだ卵が二月中ごろから孵化して小川や堰《せき》にはいって成長するのを、子どもや川鳥などにとらせないように大切に保護しているのでございます。

これだけの説明から「瀬川仕法」の具体像をイメージするのはむずかしいが、

おそらくは、⑴サケの産卵活動を維持させるために操業時間を午前中の二時間程度に限定しつつ、とくに夜間の操業を厳禁し、⑵そのうえで留で遡上をとめられたサケにそこで産卵させ、産卵された卵と孵化した稚魚に保護を加えたものであろう。初めから産卵に適した水界が留の設置場所として選択されたか、砂礫をしくなどして産卵に適した水界がつくりだされたものであろう。

「瀬川仕法」は、一八六六（慶応《けいおう》二）年の史料にも「（このサケ留漁場では）瀬川仕法といって、夜間の操業を厳禁しており、暁《あかつき》にいっせいに網をだして操業に取りかかり、四つ時に終ることとなっております」と記されているので、このの ち幕末《ばくまつ》までこの地域の慣習として維持されたことがわかる。実際、サケは夜間に川を遡上するといわれており、夜漁を禁止することは、資源保全のうえで一定の合理性をもっていた。

なお、「瀬川仕法」と類似したサケ資源保全慣行は、三陸《さんりく》沿岸各地に広がっていた可能性が高い。たとえば、気仙《けせん》郡住田《すみた》町から陸前高田《りくぜんたかた》市をへて広田《ひろた》湾にそそぐ今泉《いまいずみ》川（現在の気仙川。三一ページ図の河川②）および大船渡《おおふなと》市を南下して大船渡湾にそそぐ盛《さかり》川（同図の河川③）の河口部でもサケ留漁が行われていたが、そこでも「瀬川仕法」とよく似たサケ資源保全慣行が実施されていた。一八八一（明治十四）年十二月に両川の河口部に位置する気仙村・氷上《ひかみ》村および大船渡村・盛村・赤崎《あかざき》村の五カ村が岩手県に提出した願書には、つぎのように記されている。

　今泉川のサケ留漁場は気仙村・氷上村の共同で、盛川のサケ留漁場は盛村・赤崎村・大船渡村の共同で、これまで操業を行ってきました。両川にのぼるサケは、毎年九月から立冬にかけて川で産卵、翌春になって孵化・成長してのち海にくだり、ふたたび真水を求めて生まれた川に遡上すると古来より伝えられております。このため、かつて仙台藩では役人を両川に派遣してサケ漁に支障をおよぼすことを禁止するとともに、サケの繁殖に保護を加えておりました。このため現地でも取決めをつくって、漁期には夜間にサケをとることを禁止し、おおかたのサケが産卵を終えたのち数日をへてからそれを漁獲することとしておりました。また、漁期の半ば以降翌春の四月ごろまでは、鳥追い▲と称して、孵化したサケの稚魚が鳥に食べられるのを防ぐために番人をおいてまいりました。

▼**鳥追い**　鳥追いは、通常、作物を荒らす鳥を音などを立てて追い払う行為のほか、年の始めに行われる鳥追い儀礼（子どもたちが害鳥を追い払う鳥追歌をうたったり、鳥追い小屋を設けてこもったり、村内の家々を回ったりした儀礼）をさすことが多い。ここではむろん前者の行為をさすが、守るべき対象が作物ではなく、サケの稚魚だったことになる。サケの稚魚がしばしば「鮭種」と記されるなど、漁業にかかわって使用される用語も農業にかかわる用語を利用して生み出されていたことがわかる。

つまり、今泉川と盛川のサケ留漁場では、藩政《はんせい》期から、夜漁の禁止と稚魚の保護とが行われてきたというのである。そして、五カ村は、「このようにして将来の繁殖に配慮を行っている場所は、気仙郡の川々のみならず、サケ川一般の慣習となっております」とも述べている。サケ資源の保全を意図した慣行が三陸沿岸各地に存在したことを推測できる。今泉川と盛川の河口部は、そのような夜漁禁止の旧慣をもつ地域の一つだったということになる。

残念ながら、今泉川と盛川で、このようなサケ資源保全慣行が行われるようになった時期はわからない。そもそも、これはあくまでも一八八一年に気仙村など五カ村から提出された願書に記されていることであるので、それが実際に江戸時代にも行われていたのかどうかについては検証が必要となる。ただ、仙台藩は幕末期に、「種川仕法」というサケ資源の保全制度に興味を示してそれを導入しようとした経緯があることから、おそらく同藩領でも江戸時代からこのような旧慣が生み出され実施されていた可能性が高いと考えられる(後述)。

▼「漁業税採藻税規則」　その名のとおり、漁業・採藻にかかわる収税規則を定めたものであったが、同時に操業に関する規則も含んでいた。

「木ノ葉払」という旧慣の発見

ところで、さきほど岩手県のサケ資源繁殖法令としてサケ稚魚保護令と夜漁禁止令の二つを紹介したが、実は岩手県がサケを対象にして発した資源繁殖法令はこれだけではなかった。もう一つ、一八八〇(明治十三)年十一月二十二日に発布された「漁業税採藻税規則▲」の第十四条で、つぎのような規定が設けられていた。

河口部で行われているサケ留漁については、漁期のなかばをすぎたのち三日以上五日以内のあいだ、留場を取り払うこと。

漁期のなかばをすぎたのち、サケ留を三〜五日のあいだ取り払わせることで、サケを上流に遡上させて、資源繁殖をうながそうとした規定である。この規則もまた、サケ資源の繁殖を狙った岩手県における資源繁殖法令の一つであった。では、この規則はどのようにしてつくりだされたものだったのであろうか。

実は、この規則の成立には、一八七九(明治十二)年末から翌年にかけて、岩手県庁税務課の官吏《かんり》によって行われた宮古川サケ留漁場の実地調査がかかわっていた。宮古川は、現在の岩手県宮古市内を東流して宮古湾にそそぐ閉伊《へい》川のことである(三二ページ図の河川④)。その河口部に設置されたサケ留漁場では、千徳村《せんとく》(現宮古市内)の大森与兵衛《おおもりよへえ》ら七人の者が県庁から免許を受けて操業を行っていたが、この年、県庁はサケ資源の繁殖をはかるためにサケ留を従来よりも上流に移動させたほうがよいのではないか、と考えた。そこで現地調査のために、税務課の官吏であった佐藤なる人物を派遣したのである。

佐藤は、このときの出張に際して、操業を行っていた大森らに、近年のサケ漁の状況と産卵場所としてふさわしい場所などについて質問をしたうえで、県庁の計画に対する意見を求めている。これに対して大森らは、県庁が移動先として検討している場所には岩石が多く留場とはなしがたいこと、またサケの産卵にも適さないことを述べ、移動計画に反対する。そのうえで、サケ資源繁殖のために県庁がとるべき政策について、とある提案をするのである。大森らはまず、自分たちが操業を行っている宮古川にのぼるサケの特徴を、さきほど取り上げた津軽石川と対比してつぎのように述べる。

津軽石川でのサケ漁は冬至(十二月後半)を最盛期としております。このころはサケの腹中する卵も熟す時期なので、サケは河川への遡上を始めると、わずか七、八丁（およそ七〇〇〜九〇〇メートル）ものぼったところで一夜のうちに産卵をいたします。このため津軽石川では、何万本のサケを漁獲したとしても、卵を腹中したままのサケは少ないわけです。ところが宮古川では、津軽石川とは事情がおおいに異なります。宮古川では、ちょうど木の葉が川に落ちて留網に引っかかるようになるころが産卵期にあたっていきます。そこで、この季節になったら、「木ノ葉払《このははらい》」と称して一昼夜に一、二度ずつ留を開け払うのです。毎年、これを実施しております。

さきほど取り上げた津軽石川の「瀬川仕法」は、ここで述べられているような、この川に遡上するサケの生態的特徴に対応して実施されていた資源保全慣行だったことがわかる。

では、宮古川サケ留漁場では、どうだったのか。大森らは、さらにつぎのように述べる。

宮古川におけるサケの漁期は、津軽石川よりもおよそ三〇日ほども早いのです。このため宮古川では、河口部の留を越えて上流にのぼったサケは、さらに数日間を川のなかですごし、はるか上流にのぼって産卵をすることになります。

つまり、宮古川と津軽石川とでは、サケの遡上のタイミングや遡上距離が違うというのである。そこで宮古川サケ留漁場では、サケが遡上する季節になったならば、留を一昼夜に一、二度ずつ開け払ってサケを上流に遡上させる「木ノ葉払」という慣行が実施されてきたと主張する。宮古川では、サケの産卵生態などに応じて、津軽石川の「瀬川仕法」とは異なる資源保全慣行が生み出されていたことになる。

こうして大森らは佐藤に対して、「毎年十一月十五日から二十五日までのあいだ、この『木ノ葉払』を一昼夜に三度と定めて実施させ、そのときどきの状況によって留を開け払う時間を延ばして親魚(「種魚」)を上流に遡上させれば、サケもおおいに繁殖することになるでしょう。さらに、サケ留の開け払いに際して、上流村々でのサケ漁を同時に禁止すれば、毎年大きな漁獲をえることができましょう」と提案する。つまり、サケ留場を移動するよりも、「木ノ葉払」を制度化するほうが、サケ資源の繁殖には有効だと主張したのである。

以上のような上申《じょうしん》を受けた県庁官吏である佐藤は、大森らの提案を受け入れて、その妥当性を県庁に報告するが、これに対する県庁の反応は素早かった。すぐさま「木ノ葉払」を県の漁業法令、それも県の布達《ふたつ》としてではなく、「漁業税採藻税規則」の一カ条として発布したほうがよいという判断をくだす。

すでに述べたように、この段階の漁業に関する法令は、政府の定めた方針のもと、地域的な特徴や実情に基づいて道府県によって定められていた。このなかで、地域的なバラエティーに富んだ資源繁殖法令が連発されたのである。ただし、布達が県の判断によって独自に発布することができたのに対して、「漁業税採藻税規則」を制定・改変する場合には、内務卿《ないむきょう》と大蔵卿《おおくらきょう》▲の裁可をえる手続きが必要だった。「漁業税採藻税規則」に「木ノ葉払」の規定をあらたに加えることは、その改変にあたったが、そのような手続きをへていると、この年のサケの漁期にまにあわない。岩手県庁はいささかためらったが、あえてそのような手続きを踏むこととなる。こうして一八八〇年十一月、「木ノ葉払」の規定を第十四条として取り入れた「漁業税採藻税規則」が発布されることとなったのである。

「漁業税採藻税規則」はその名のとおり、漁業にかかわる税制を定めたもので

▼**内務卿・大蔵卿**　それぞれ、内務省と大蔵省の長官。

あり、管轄地域の漁業経営全体に適用されるものであった。したがって、県庁が「木ノ葉払」をあえて「漁業税採藻税規則」のなかに取り込んだ理由の一つは、それを県内のサケ漁全体に適用することを意図したためであったと考えられる。一方で、さきに取り上げた「瀬川仕法」についても、「漁業税採藻税規則」のなかに取り入れることが翌一八八一（明治十四）年に県庁で話しあわれている。しかし県庁では、夜漁の禁止については、その旧慣をもつ地域においてのみそれに従うべきことを命じればよいという判断をくだす。「瀬川仕法」については、県内のサケ漁全体への適用は見送られたわけである。

こうして、サケ資源に対する同県の資源繁殖政策は、「木ノ葉払」を基軸にしつつ、それを「瀬川仕法」で補完するという形で、その原型が形づくられることとなった。いずれにせよ、この段階の岩手県における資源繁殖政策が、旧来から各地で行われてきた旧慣—漁業資源の保全に役立つ旧慣—を発見して、それを法制のなかに取り込むことで推し進められたことを改めて確認できる。

資源保全慣行の拡がりと成立

とすると、つぎに問題になるのは、このような旧慣がどの程度の拡がりをもち、江戸時代のいつ、どのようにして生み出されたものだったのか、ということになる。

「瀬川仕法」が三陸沿岸各地に拡がりをもっていたらしいことは、さきほど指摘した。では、「木ノ葉払」はどの程度の拡がりをもつ旧慣だったのであろうか。残念ながら、これはまだはっきりとはしていない。ただ漁期のさなかに留場を開けるという慣行は東北地方各地に存在した。しかも、そのような慣行は「サケのオオスケ」と呼ばれる伝承とともに分布していることがわかっている。「サケのオオスケ」とは岩手・青森・秋田・山形などに広く分布する伝承で、いくつかの話形をもつが、たとえば岩手県陸前高田市の相川《あいかわ》家にはつぎのような伝承が伝えられていた。

ある日、同家の祖先が牛を放牧していると、大鷲が飛んできて、子牛をさらっていってしまう。怒った主人は弓矢をもち、牛の皮をかぶって牧場に隠れていたところ、ふたたび鷲が飛んできて主人をとらえ、玄界灘《げんかいなだ》の離島につれてい

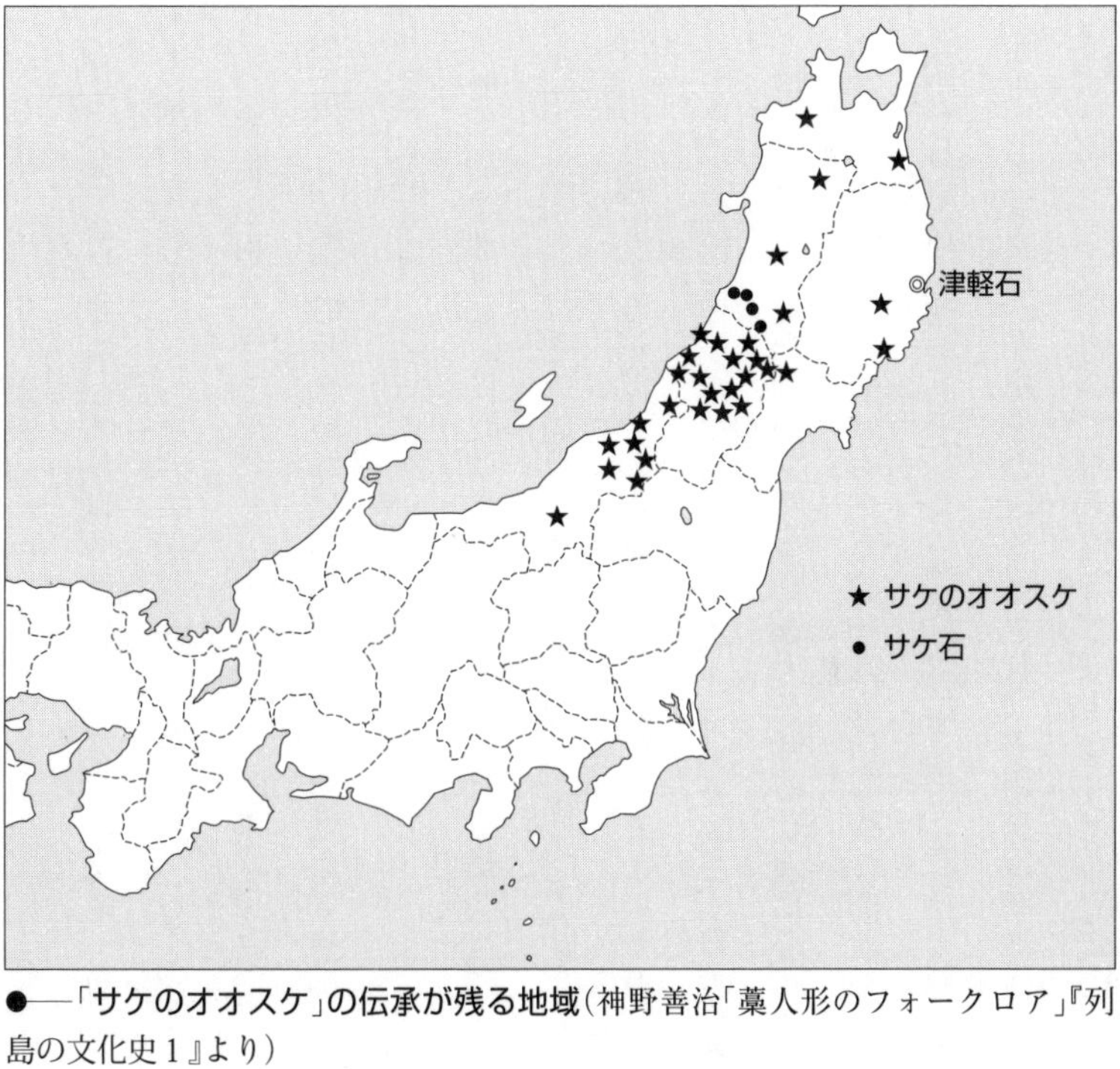

●──「サケのオオスケ」の伝承が残る地域(神野善治「藁人形のフォークロア」『列島の文化史1』より)

▼間　一間は約一・八メートル。

▼エビス講　大漁や商売繁盛を祈って恵比寿《えびす》をまつる祭り。

ってしまった。主人が困っていると、白髪の老人があらわれ、「帰りたいのならオレの背中に乗れ、オレはサケのオオスケである。毎年十月二十日にオマエの古里の今泉川にいって、上流で卵を産むのだ。そのとき乗せていってやろう」。同家の祖先は、こうして地元に帰ることができた。以来、毎年十月二十日には、今泉川のサケ漁場にお神酒《みき》と供物《くもつ》を供え、サケ留を数間《けん》▲開けて、サケを上流にとおすことにしている。

「サケのオオスケ」にはこのほかにも、エビス講《こう》▲の夜、オオスケと呼ばれるサケの王とそのつれそいのコスケが「サケノオオスケ今とおる」と叫んで産卵のために川を遡上するが、その声を聞くと急死するといわれ、この日は川へ近づかず耳ふたぎ餅（オオスケの声を聞かないよう耳をふさぐための餅）をついて日をすごすほか、梁《やな》の一部を開いてサケを遡上させることになっているといった筋立てで、それが語られる地域もある。一九九〇年代の聞取りによれば、新潟県北部を流れる荒川《あら》流域でも、漁の最盛期がすぎて終盤を迎える十一月三十日に、「オースケコスケ」が川をのぼるとされ、その日は禁漁にするか、操業を行う場合にも網の一部を切っておく慣行が、少なくとも先代の時代まで行われていたことが明らかにされている。名称こそ異なるが、「木ノ葉払」と同様の慣行が東北・越後《えちご》各地にみられたことがわかる。

するとと、つぎに問題となるのは、このような旧慣が、江戸時代のいつ、どのようにして生み出されたものだったのか、ということになる。「瀬川仕法」や「木ノ葉払」が旧慣として相応の拡がりをもつものであるのならば、それがどのように成立して、どのように拡がったのかが明らかにされなければならないが、残念ながらそれは十分には明らかになっていない。ただ、「瀬川仕法」の成立については、わずかながら、その一端をうかがい知ることはできる。

史料における「瀬川仕法」の初見はさきほど紹介した一七四九(寛延二)年であるので、遅くとも十八世紀半ばには確実に存在したことがわかる。津軽石川河口部に所在したサケ留漁場を共同利用していた浦廻り四ケ浦自体の成立が元禄《げんろく》期にさかのぼることから、「瀬川仕法」の成立はそれ以後、つまり十八世紀前半であったことはまちがいない。

ここで注目されるのは、ちょうどこの直前の十七世紀末に、三陸地方がサケの大不漁にみまわれていたということである。これ以前、三陸地方における水

▼ホシカ・イワシメ粕・魚油

ホシカ(干鰯)は、イワシを天日干《てんぴぼ》ししてつくった魚肥《ぎょひ》。イワシメ粕は、イワシを煮沸《しゃふつ》・圧搾《あっさく》して魚油を採取したあとの絞り粕を天日干ししてつくった魚肥。魚油は、三陸地方では、とくにイワシメ粕の工程で採取される油をさす。

産物生産は、十七世紀半ばに江戸などへの水産物移出拡大にともなって急増する。この時期の三陸地方では、サケのほかホシカ・イワシメ粕《しめかす》・魚油《ぎょゆ》▲・カツオブシなどを生み出す漁業と水産加工業とが急速に発展して、それらの製品が海運を使って領外に盛んに移出されるようになるのである。このなかで、サケもまた、三陸産水産物の主役の一つとして、この時期に生産量を急増させた。こうして、わずか数年のうちにその生産額はおよそ倍増し、一六七〇年代半ばにはそのピークを迎える。ところが、その後サケの生産額は急減、一六八〇年代にはピーク時の三分の一以下に落ち込んでしまうのである。このときの大不漁があたえた影響は大きく、岩手・青森両県の太平洋沿岸地域を管轄していた盛岡藩では、それまで実施していた漁業税制を停止するという状況にまで追い込まれている。

以上のような十七世紀末に発生したサケの大不漁と、十八世紀前半に「瀬川仕法」のようなサケ資源の保全慣行が登場してくることとは、おそらく無関係ではない。「瀬川仕法」のような資源保全を意図した慣行が理由なく生み出されることはやはりありえず、それが成立する前提には、深刻な不漁状況や漁獲量の不安定さなどによる経済的危機や社会的危機が存在したと考えられるからである。十九世紀末の岩手県庁がみいだした旧慣の少なくとも一つは、こうして十八世紀前半に生み出され、幕末までこの地域で維持されてきたものだったのである。

③—資源保全政策の登場

資源繁殖と種川

ここまで、十九世紀末に進められた資源繁殖政策が、近世に生み出された資源保全慣行を発見して、それを取り込むことで推し進められたことをみてきた。もちろん、資源繁殖政策の進められ方は、ここまでおもな分析対象としてきた岩手県だけにみられたものではない。他地域でも、近世に生み出された資源繁殖に適合的な旧慣が発掘され、政策に取り込まれていった。とすれば、近世という時代は、明治時代前期の資源繁殖政策を支える知が生み出され、慣行として実践・蓄積された時代だったと位置づけることもできる。

そのような旧慣のうち、資源繁殖政策にとくに大きな影響をあたえたのが、新潟県北部の村上藩《むらかみはん》(現村上市)で生み出された、のちに種川《たねがわ》制度と呼ばれるようになるサケの資源保全制度であった。種川とは、サケの産卵に適した水界を選んで、その上流部を竹簀《たけす》などで仕切り、遡上してきたサケにそこで産卵をさせる、半人工的につくりだされた産卵場のことである。種川では、「御浚《おさらい》」と称

●—「岩船《いわふね》郡村上三面川鮭滲の図」　三面川の種川では，産卵後のサケのみを漁獲することが許された。それを「御滲」と呼んだ。

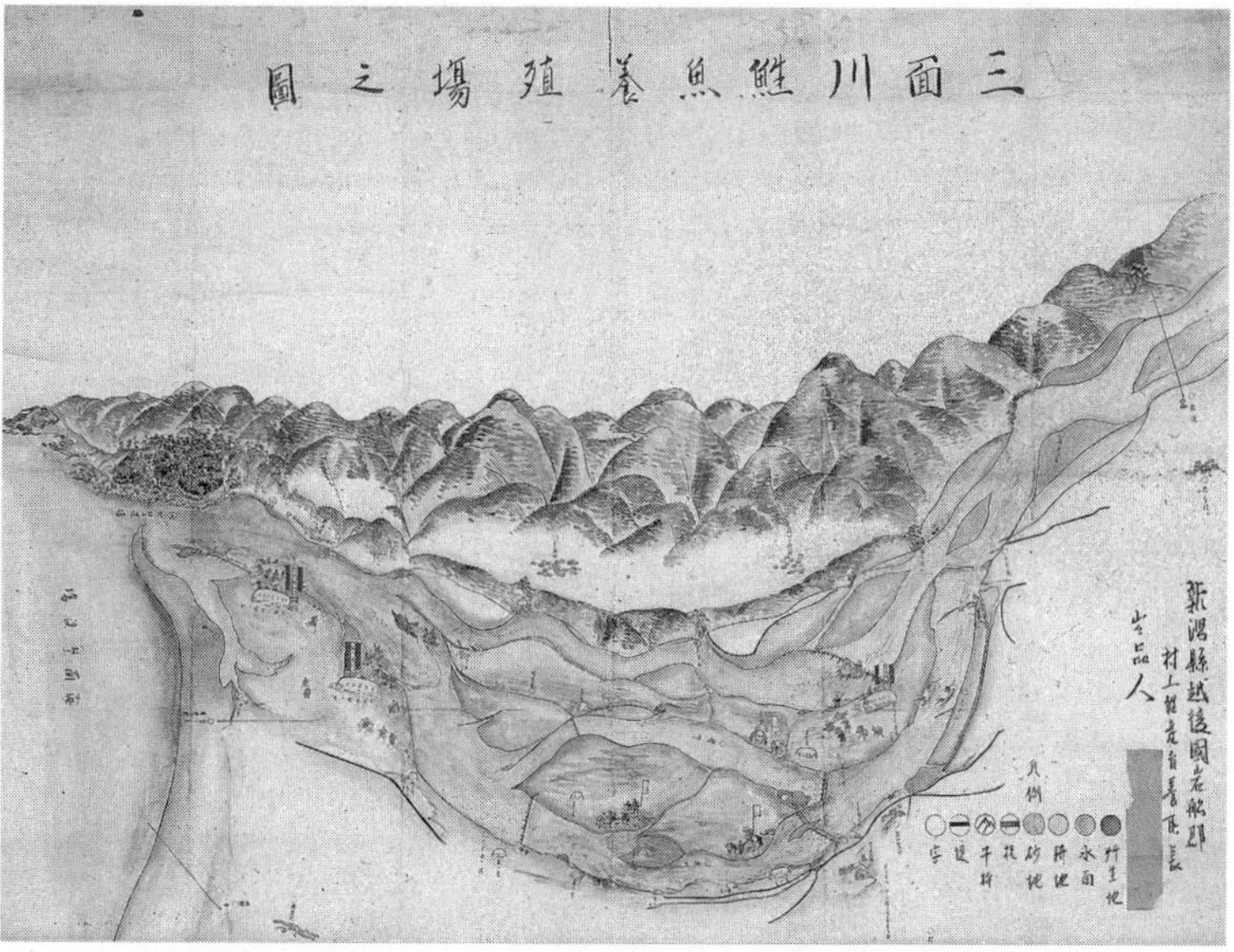

●—「三面川鮭魚養殖場之図」　1881(明治14)年の第2回内国勧業博覧会に村上鮭産育養所が三面川のサケ漁を説明するために出品した絵図。

して産卵後のサケのみを漁獲することが許されるとともに、夜漁(夜間の操業)やサケ稚魚《ちぎょ》の捕獲が厳禁された。つまり、種川という半人工的な産卵場の設置に、サケの産卵・孵化《ふか》活動の保護とサケ稚魚の保護とを組み合わせた資源保全制度が種川制度だったのである。

さきにみた秋田県や岩手県と同じく、新潟県でも、十九世紀末に水産資源の繁殖政策が進められている。その始まりは、一八七九(明治十二)年八月に発布された法令(乙第九一号)であった。この法令で同県は、水産資源の繁殖に支障をおよぼす事態が生じつつあることをあやぶみ、資源繁殖にかなった旧慣を調査のうえで上申《じょうしん》するよう県内に通達している。「数百年来、実地の経験によって維持されてきた旧慣は、当座の一時的な考えであえて廃止すべきではない。また廃止などすれば、考えもしなかった問題が生じることがある」と述べて、旧藩時代の慣例や規約などについて、調査のうえ上申するよう命じたのである。

このような調査を受けたものか、翌年の九月には、同県の中心的な水産物であったサケについて、(1)サケ稚魚の捕獲禁止、(2)禁漁期間の設定、(3)サケの産卵した卵の採取禁止、という三カ条からなる「鮭魚《けいぎょ》漁猟規則」(甲第二〇一号)が発布された。この規則が近世の種川制度に由来するものなのかどうかは不明であるが、一八八二(明治十五)年十二月に発布された同県の「漁業採藻税徴収規則」(甲第二二五号)の第五条で「水産繁殖を目的として種川などを設置している場合には、それを維持すべきこと」が命じられたり、八九(同二十二)年五月に発布された「漁業取締規則」(県令第四八号)の第十条で「魚介類・海草類の養殖場や種川の上流・下流、またそれら魚類の魚道となっている近海で操業を行おうとする者は、その当事者と協議をしたうえで、適宜操業に制限を設けるべきこと」が定められたりしているので、種川制度が県内の河川に少なからず導入されていたことがわかってくる。とともに、同県がそれを保護・維持しようとしていたこともわかる。

種川制度導入の拡がり

そして、種川制度にかかわってさらに注目されるのは、それが新潟県のみならず、サケの主要な生産地であった東北諸県や北海道でも、こののち、つぎつぎと採用されていったということである。たとえば秋田県では、一八八〇(明治十三）年十二月二日に、水産資源の乱獲と旧慣の崩壊とによって水産資源の減少が起こることを危険視し、毒薬を使った操業やサケ・マス・アユなどの稚魚をとることを厳禁したうえで（甲第一七五号）、同日付で一二カ条からなる「鮭魚蕃殖法《はんしょくほう》」という法令（丁第二号）が発布されている。この法令で秋田県は、県内を流れる子吉《こよし》川・石沢《いしざわ》川・岩見《いわみ》川などに種川を設置することを命じたうえで（第一条）、その種川を機能させるために、禁漁日の設定（第二条）や産卵前のメスザケの漁獲禁止（第三条）などを定めている。

また、種川の設置された地元町村では、種川の取締人二人を設置して、漁期中に巡回を行って、漁獲量や漁法のチェックを行うことが義務づけられた。とともに、県庁も係員を巡回させ、取締人らのつけた帳簿類をチェックすることが定められたのである。県ではこれと並行して、河口部での刺網《さし》や流網《ながし》を禁止するとともに、禁漁区の境界にその旨を記した標識を設置するなどして、サケ・マスを対象とした資源繁殖政策の徹底をはかっていく（一八八〇年八月甲第一一五号、八二〈明治十五〉年四月丙第一三一号、同年十二月甲第一五八号）。

一方、北海道では、札幌本庁によって一八七八（明治十一）年にサケの人工孵化事業が試験的に開始されるが、事業がうまく進まなかったことから、その代替策として種川制度の導入が進められることとなった。種川制度の情報を仕入れた札幌本庁では、一八七九（明治十二）年に担当者を新潟県の三面《みおもて》川と山形県の最上《もがみ》川に派遣して種川制度の調査にあたらせている。この経緯から、さきに取り上げた新潟県や秋田県だけではなく、山形県でも種川制度が導入されていたことがわかる。そしてこの調査の結果、人工孵化法よりも種川制度のほうが実行が容易で、効果も期待できるとする報告がもたらされ、札幌本庁では一八八〇年にいたって人工孵化事業をいったん打ち切ることとなるのである。そのうえで、一八八二年に豊平《とよひら》川・発寒《はっさむ》川・琴似《ことに》川、翌八三（明治十六）年には千歳《ちとせ》川・十勝《とかち》川・堀株《ほりかっぷ》川、さらに幌別《ほろべつ》川（八四〈同十七〉年）、三石《みついし》川・鳧舞《けりまい》川・石狩《いしかり》川（八六〈同十九〉年）、漁《いざり》川・島松《しままつ》川（八七〈同二十〉年）へと種川制度を導入していった。

　たとえば千歳川では、現千歳市内にある千歳橋の上流部分に同川の本流から分枝させた支流をつくり、それを柵《さく》で仕切って種川としている。この種川は支庁の管理下におかれ、監視人六人のほか周辺のアイヌを動員して取締りを行い、サケの産卵を保護している。新潟県の種川制度と同じく、そこでは産卵後のサケの漁獲のみが認められ、漁獲したサケは近隣五カ村のアイヌに分けあたえられた。それはおそらく、種川の設置にともなって近隣アイヌによるサケ漁を停止させるためにとられた措置であろう。▲もちろん種川制度の導入は、同時期の根室《ねむろ》支庁や函館《はこだて》支庁の管下でも、一八七九年遊楽部《ゆうらっぷ》川への導入を皮切りに進められた。

以上から、種川制度が十九世紀末の北日本各地で広く採用され、資源繁殖政策を実現するための制度として大きな役割を果たしたことを確認することができる。では、種川制度は、いつ、どのようにして生み出されたものだったのだろうか。

村上町サケ川と種川制度

前述したように、種川制度は村上藩で生み出されたサケの資源保全制度であった。その城下町《じょうかまち》である村上町は、新潟県北部から現村上市の中央部をへて日本海にそそぐ三面川の下流部に位置したが、そこは毎年大量のサケが遡上する

▼資源繁殖政策とアイヌ　サケの資源繁殖政策の実施によって、アイヌによるサケ漁は厳しい制限を受けることとなった。資源繁殖政策がおびた、このような抑圧的な性格は一般的なものではあったが、アイヌに対しては、とくに過酷な性格をおびることになったのである。ただし、麓慎一氏によれば、北海道ではサケがアイヌの生活に深くかかわるがゆえにサケ資源保全を目的とした禁漁を順守させることが難しく、種川制度を定着させることができず、結果として人工孵化法がサケの資源繁殖方法として選択されていくとされている。

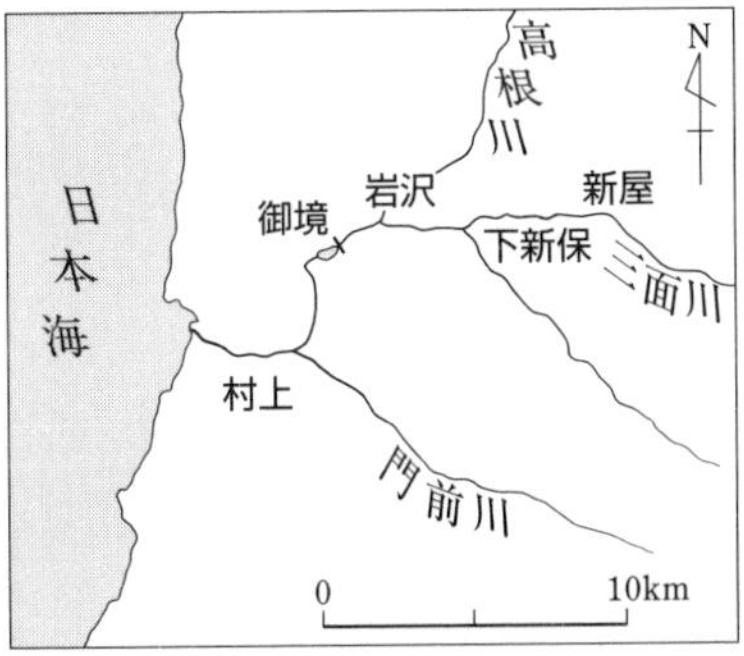

●——三面川と村上町（佐藤重勝『サケ——つくる漁業への挑戦』より）

●——1887（明治12）年，納屋らによって河内《かわうち》神社に奉納された絵馬《えま》　三面川のサケ漁のようすが描かれている。

優良なサケ川として知られていた。このサケ川は、村上町によって所持・管理されたことから、村上町サケ川と呼ばれた。種川制度誕生の舞台は、この村上町サケ川であった。

村上町は藩からサケ川運上金《うんじょうきん》▲の徴収のほか、その管理責任を請け負っており、毎年サケ川を入札に付して、原則としてもっとも高額の入札を行った者にサケ川の漁業権と漁獲物の専売権とを請け負わせていた。入札によってサケ川を請け負った請負人を納屋《なや》と呼ぶ。納屋はみずから漁師を雇って操業を行うほか、他の漁師にサケ川の一部を下請けさせることでサケ漁を行った。

もちろん、納屋には誰でもなれたわけではない。サケ川の入札に参加できるのは、村上町内のなかでも三面川に近接した八町(川方八丁《かわかたはっちょう》)と三面川河口に位置し、村上町の外港としての位置を占めた瀬波《せなみ》町に所属する町人に限られていた。納屋は村上町(の川方八丁)もしくは瀬波町の商人によって独占されていたことになる。

サケ川運上金の金額の変遷は次ページ下のグラフに示したとおりである。年によって少なからず変動しているが、十八世紀末からひとたび急騰し、一八一

▼**サケ川運上金**　三面川サケ漁場では、毎年サケ川を入札に付して、原則としてもっとも高額の入札を行った者に、その漁業権と専売権とをあたえた。その入札金がサケ川運上金となった。

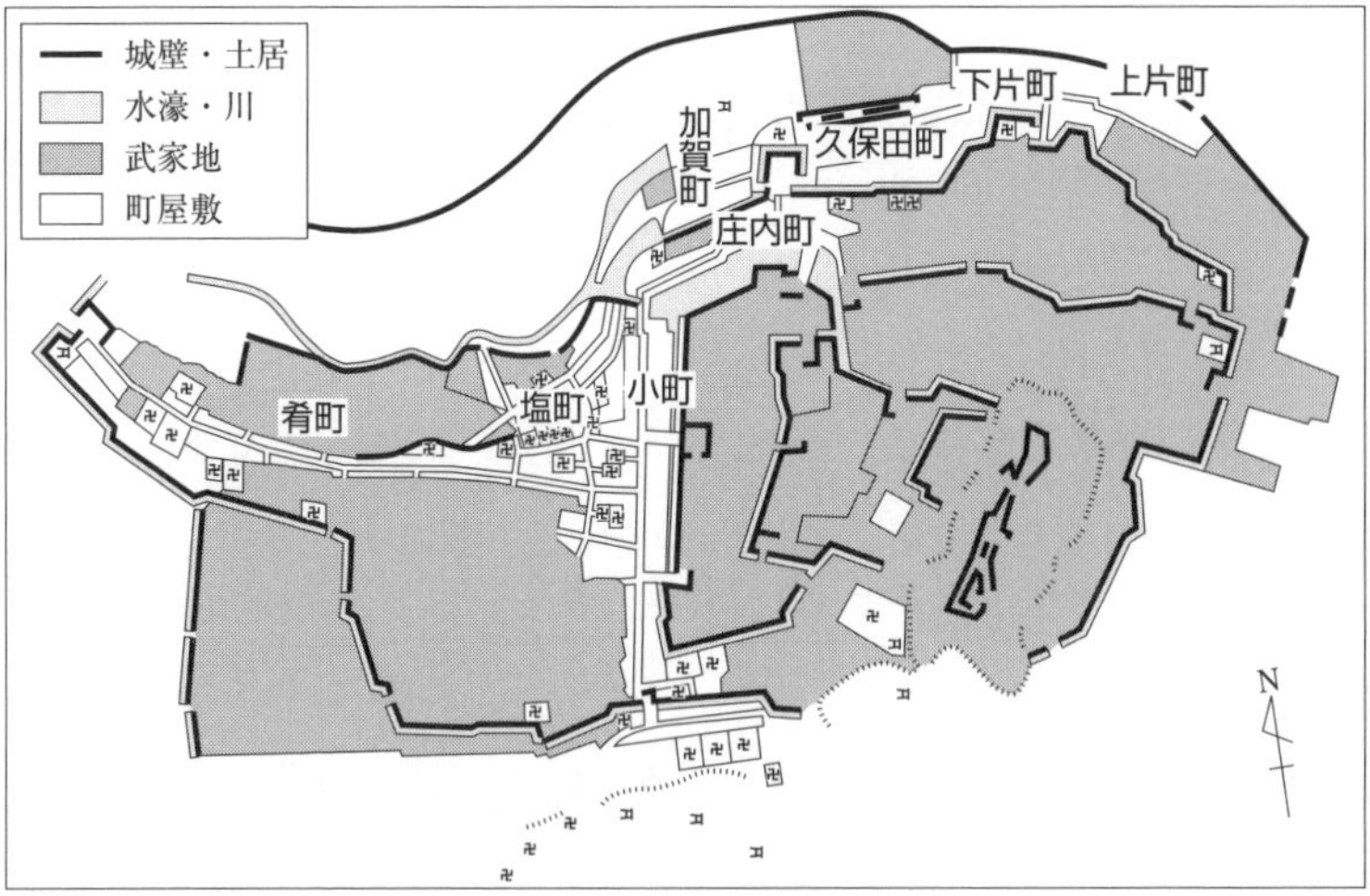

●──川方八丁(小村弌『幕藩制成立史の基礎的研究』より作成)　村上町サケ川の入札には，上片《かみかた》町・下片《しもかた》町・久保田《くぼた》町・加賀町・庄内町・小《こ》町・塩町・肴《さかな》町の８カ町もしくは瀬波町に属する町人のみが参加できた。

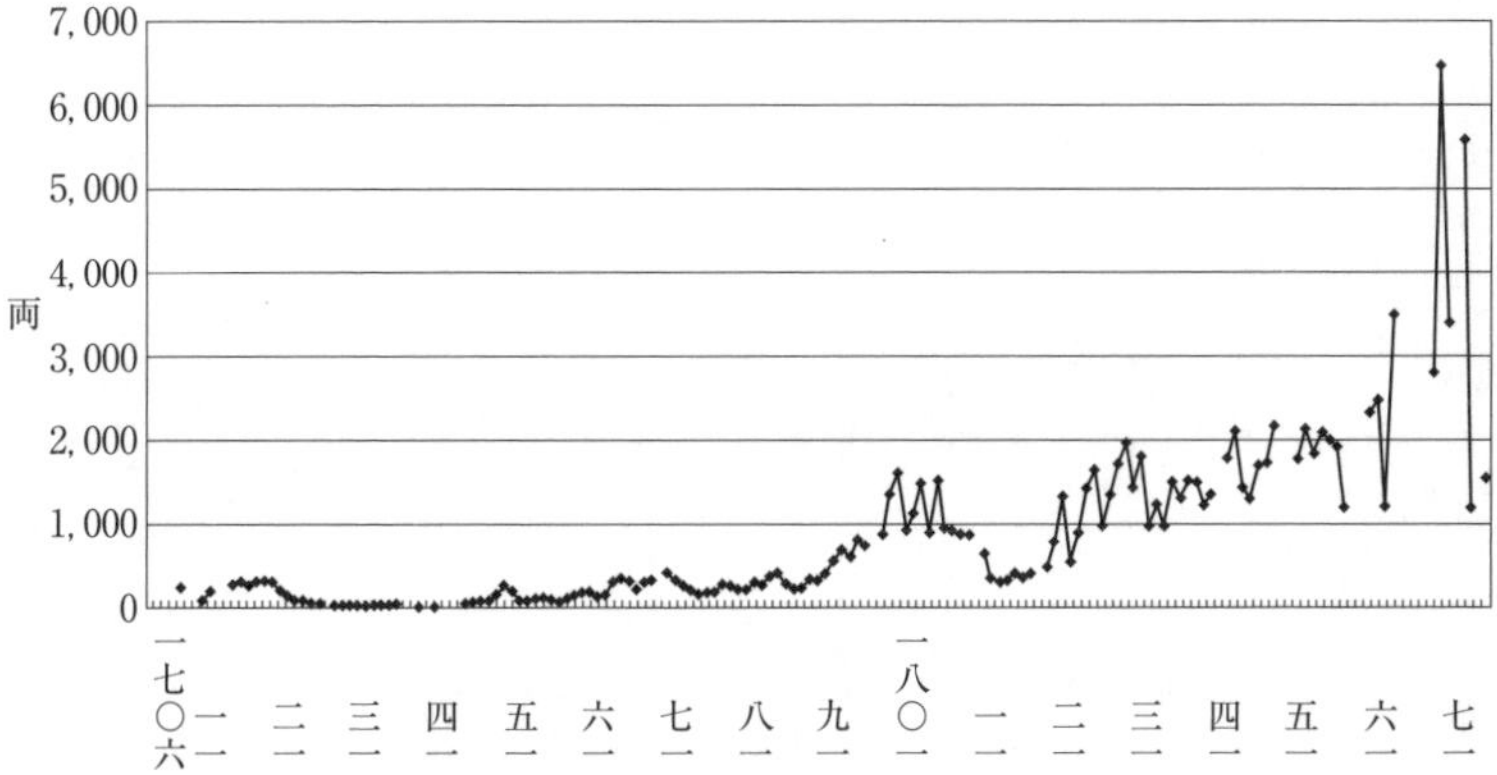

●──村上町サケ川運上金の変遷

〇年代にかけて落ち込むものの、その後ふたたび急騰して、毎年一〇〇〇〜二〇〇〇両を維持していたことがわかる。サケ川からの運上金収入は、村上藩の藩財政にとっても大きな位置を占めた。

では、種川制度誕生の経緯はどのようなものだったのだろうか。実は、これについては、これまで、村上藩士《はんし》であった青砥武平次《あおとぶへいじ》という人物の功績として語られてきた。『国史大辞典』にも青砥武平次の名前が項目として収録されており、そこにはこんなふうに説明が加えられている。

(青砥武平次は)安永《あんえい》〜寛政《かんせい》年間(一七七二〜一八〇一)に、種川の制を設けて鮭魚の増殖法を定めた。それは、鮭の習性を科学的に研究して、鮭の産卵に適する場所を選んで上流をさえぎり、流水を通じて鮭の遡行を防ぎ、ここに安全に産卵させる方法である。この鮭の人工孵化法の新機軸によって、漁獲を年々増大し、藩は千両から千六百両の運上金を得た。

このような種川や青砥武平次についてのイメージは一般にも流布しているが、一方で地元の研究者たちからはつぎのような疑問が提示されてもきた。たとえば、三面川のサケ漁に関する史料を博捜し『三面川の鮭の歴史』などの著作をもつ鈴木鉀三氏は、「種川の制というと、すぐにそれを青砥武平次の功績と結びつけていますが、現在見ることのできる明治以前の資料では、それを裏付けるものはありません」と述べているし、さらに『村上市史』でも大場喜代司氏が、種川制度を内国勧業博覧会《ないこくかんぎょうはくらんかい》▲などに出品するときに創起者や由緒を明記する必要があり、そのためにつくられたのが「青砥武平次伝説」だったと述べている。実は、地元・村上には、種川の成立について語る同時代の史料は存在せず、現在、流布している種川と青砥武平次についてのイメージも後年の編纂物などによってつくりだされたものだったのである。

このため、従来、種川制度の成立をめぐっては同時代史料による論証が行われていなかったが、この点にかかわって注目される史料が出羽国庄内《でわのくにしょうない》藩の城下鶴岡《つるおか》町(現山形県鶴岡市)の大庄屋《おおじょうや》▲をつとめた宇治家《うじけ》文書のなかに残されている。それは、一七九七(寛政九)年に、宇治家当主であった勘助《かんすけ》が藩に提出した献策書《けんさくしょ》▲である。宇治勘助は、知己《ちき》との文通や村上町から鶴岡町にやってきた人物からの聞取りに基づいて種川制度についての情報を収集、その中身を紹介したうえで、庄内藩でもこの制度を領内の最上川や赤《あか》川などに取り入れるべきだ

▼**内国勧業博覧会**　明治政府の殖産興業政策の一環として行われた、国内物産の博覧会。

▼**大庄屋**　江戸時代の村には、それぞれ一人ずつの庄屋(名主《なぬし》)がいたが、大庄屋はその上に立ち、数カ村をまとめて管轄する村役人であった。

▼**献策書**　特定の政策についてのアイディアを藩などに上申した提言書のこと。なお、このときの献策書の題名は、「越後国村上御領方之内下戸川《げどがわ》(三面川下流域のこと)与申有之鮭漁連年繁昌ニ相成候仕法聞繕候趣左ニ申上候」というものであった。

▼御留川　領主が特定の漁場での操業を禁止する制度、あるいは領主によって操業を禁止された川のこと。

と提言したのである。この献策書に記された種川制度に関する情報をぬきだすと、つぎの五点となる。

(1)村上藩では、青砥武平次という藩士の工夫によって御留川《おとめがわ》▲の制度を開始したところ、徐々にサケの遡上量が増加しサケ川運上金もわずかずつ上昇してきたという。(2)その後、この御留川を種川と呼ぶようになった。(3)この種川では、サケが産卵しやすそうな川瀬を毎年見立てて、川幅三分の一ほど、長さ三〇～五〇間ほどの水界に杭《くい》を打ち、その側面と上流側を水が流れるように柴《しば》や藤蔓《ふじづる》などで囲う。一方で、その水界の下流側にある入口はサケが遡上してくるように開けておき、その水界で産卵をさせる。(4)こうして同藩では、この水界を種川と呼び、御留川に指定して番人を設置するとともに、翌春三月に孵化したサケの稚魚が川をくだる季節には操業を禁止する措置をとっている。(5)この仕法のためか、十四、五年以来、サケの遡上量が増加し、運上金も年々上昇している。昨年は一三〇〇両余りで落札、当年は一六〇〇両ほどの落札金額になるだろうといわれている。

伝聞をもとに記述されていることから、種川制度成立の年代をこの史料だけ

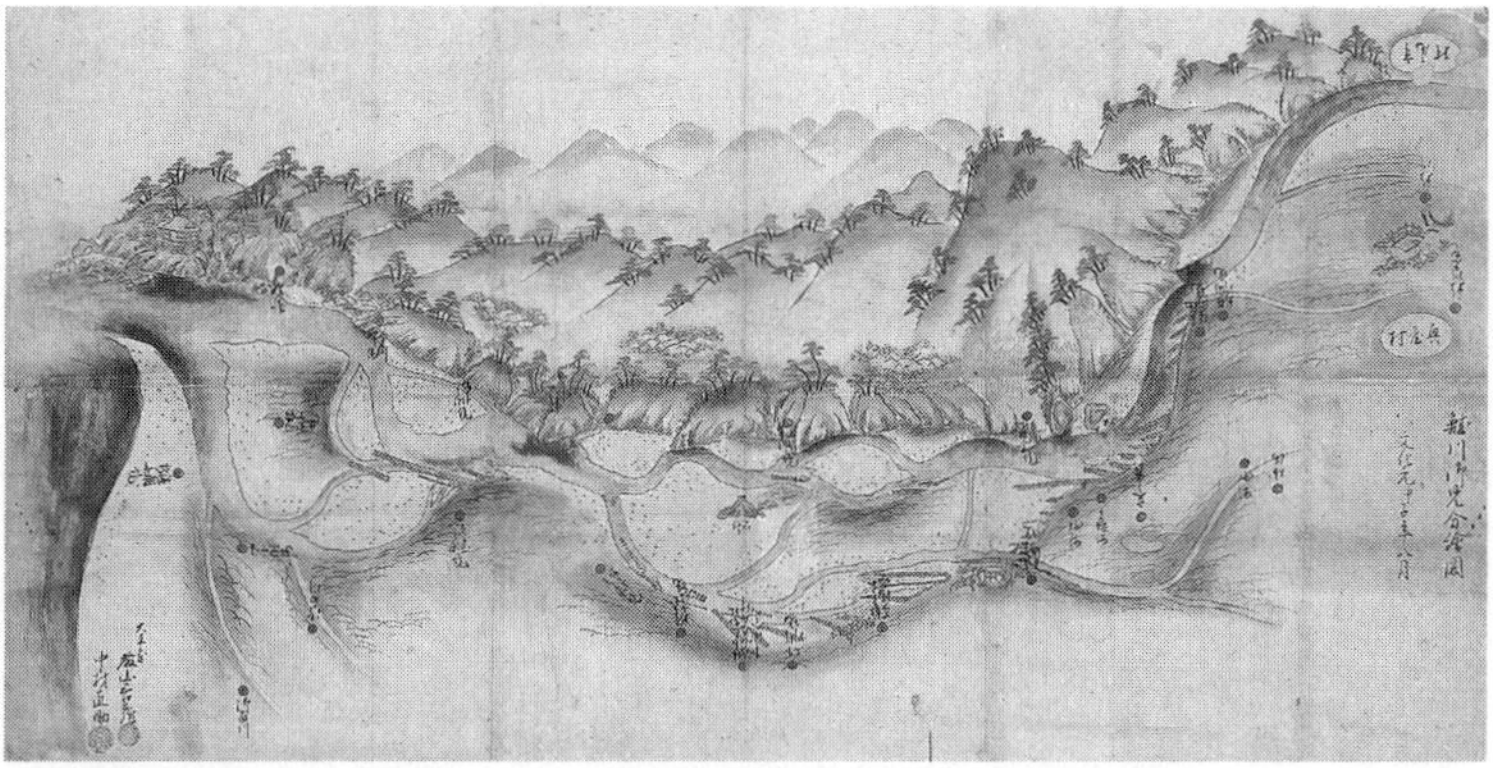

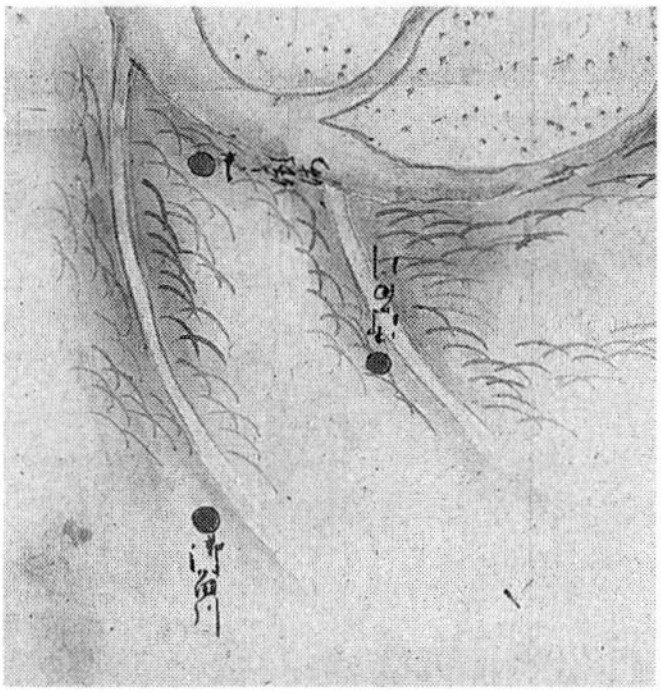

●—1804(文化元)年の村上町サケ川絵図
「御留川」という記載もみえる。

から確定することはむずかしいが、一方で(5)に記載されたサケ川運上金の金額は村上町側に残されている史料とも合致する。このことから、献策書には、少なくともこの段階の種川制度のありさまについては、正確な情報が記されていたと考えることができる。つまり、村上藩では、どんなに遅くともこの段階まではサケの増殖を意図した仕法が実施されており、それが種川と呼ばれていたことだけは確実だということになる。種川制度の成立にかかわる(1)の記述の真偽は依然として不明だが、当初、サケの増産を目的とした御留川の制度が導入され、それがのちに種川と呼ばれるようになったらしいことはわかる。実は、村上町に残された同時代史料には、種川という言葉はほとんど登場しない。登場するのは御留川という言葉なのだが、この献策書から、村上藩では御留川が種川のことをさすことがわかってくる。おそらく御留川が公式の名称で、種川は通称であったと考えてよかろう。

種川の誕生

では、種川制度の成立(村上藩によるサケ資源保全の意識化)は、宇治勘助が献策書を提出した年以前の、どの段階までさかのぼることができるのであろうか。実は、村上町には、町の大年寄《おおどしより》▲が代々書き継いできた『村上町年行《ねんぎょう》事所《じしょ》日記』▲が残されている。この『日記』には、町方《まちかた》行政にかかわる事項や町方で発生した事件などのほか、藩から発せられた法令や通達なども書き記されている。そのなかには、とうぜんサケ川に関する動向も記されており、この『日記』を読んでいけば、村上藩がサケの資源保全を意識化し始めるおおよその画期もみえてくるだろう。

こうしてみていくと、同藩からはじめてサケ資源保全を意図した法令が発せられるのは、一七八四（天明《てんめい》四）年の十一月であったことがわかってくる。法令の中身は、村上町および三面川支流である門前《もんぜん》川流域の大庄屋に対して、春にサケ稚魚をとることを禁止したものであった。このような法令がだされた背景には、村上町の住民などによって、「ざっこすくい」と呼ばれる小魚採取が行われていることがあった。「ざっこ（ざこ）」とは、ゴリ（ハゼ科の淡水魚）やタナゴ（コイ科の淡水魚）などの小魚類をさす。これらの小魚類をとる「ざっこすくい」の際に、サケの稚魚が混獲されることが問題視されたのである。

▼**大年寄**　村上町の町方を統括していた町役人。一方、村上町内を構成する各町（丁）にはそれぞれ一人ずつの年寄がいた。大年寄はその代表者であった。

▼**『村上町年行事所日記』**　村上古文書刊行会によってその活字化が進められており、現段階で八冊の史料集が刊行されている。

ところが、村上町サケ川では、その後も「ざっこすくい」によるサケ稚魚の混獲がやまなかった。そもそも一七八四年の法令は「ざっこすくい」そのものを禁止したわけではなく、あくまでもサケ稚魚をとることを禁止したものであったため、「ざっこすくい」にともなうサケ稚魚の混獲は避けられなかったのである。このため、一七九五(寛政七)年二月に改めて「ざっこすくい」禁止令が藩から発せられることとなる。そこでは、近ごろ村上町サケ川流域でサケ稚魚をすくいとっている者がいることを不埒《ふらち》と叱咤《しった》したうえで、サケ川の各所に「この川筋で十二月から四月にかけて『ざっこくすい』を行うことを禁じる」旨を記した立て札を立てることが命じられたのである。またこの法令では、サケの卵の採取禁止もあわせて通達したうえで、たとえ子どもがやったことであっても、その親を罰する旨が命じられた。以上から、一七八〇～九〇年代に、村上藩がサケ稚魚保護の方針をはっきりと示し始めたことがわかる。

また、「ざっこすくい」の禁止令とほぼ時を同じくして村上藩が規制を強化するものに、夜漁(夜間の漁)の禁止があった。たとえば一七八六(天明六)年九月二十二日に、村上町でつぎのような事件が起こっている。当時、村上城下の治安維持を担っていたのは町組《まちぐみ》▲と呼ばれる組織であったが、その日、町組の役人が村上町の大年寄の家にやってきて、つぎのような要請を行っていった。

村上町の町人たちが、昨夜も大勢川にでて、サケをとっているとのことだ。そこで町組では、今晩、巡回のうえ取締りを行うので、その旨、町方に通達してほしい。

要請を受けた大年寄は年寄たちを集めて寄合いを開き、それぞれの担当する町方にこのことを通達するよう指示をだしたが、その日の夜、さっそく町人七人が町組に検挙されてしまうのである。サケは夜間に活発に遡上するといわれており、このような認識に基づいて明治期の東北諸県ではサケ資源保全政策の一つとして夜漁が禁止されていく。また、さきにみた盛岡藩津軽石《つがるいし》川で生み出された「瀬川《せがわ》仕法」でも、サケ資源保全を目的として夜漁が禁止されていた。村上町の町組によって実施された夜漁取締りも、サケ資源保全政策の一環であったと位置づけることができよう。

以上から、村上藩が、一七八〇～九〇年代に、サケの資源保全政策に本格的に着手したことがわかってくる。種川制度は、このような政策の延長線上に生

▼町組　町奉行の配下にあって城下の治安維持にあたっていた町廻り同心《どうしん》組。

み出されたものであったと考えることができよう。鶴岡町の大庄屋をつとめた宇治勘助から献策書が提出された一七九七(寛政九)年には、種川制度は確実に存在するのであるから、その成立は一七八〇～九〇年代だったことが確実である。なお、この時期は、村上藩によって茶の生産や養蚕業《ようさん》の育成などに代表される殖産興業《しょくさんこうぎょう》政策が推し進められた時期にもあたっていた。種川制度は、そのような殖産興業政策の一環として生み出されたものだったのである。

種川制度の展開と拡がり

以上から、一七八〇～九〇年代の村上藩において、村上町サケ川に種川が設置されるとともに、それに「ざっこすくい」や夜漁の禁止を組み合わせることで、サケの資源保全制度、すなわち種川制度が整備されていったことがわかる。そして、このような制度を実際に機能させるためには、「ざっこすくい」や夜漁などを取り締まる監視装置が必要となる。このため、この時期の村上藩では、町組を動員したサケ川の監視体制がつくりあげられていくこととなった。

ただし、このような体制のもとでも、「ざっこすくい」や夜漁を完全に停止させることはできなかった。このため、町組をとおしたサケ川の監視体制は、こののち十九世紀にかけて、さらに強化されていく。たとえば一八二三（文政《ぶんせい》六）年三月には、村上城下塩《しお》町の三次郎《さんじろう》なる者が「ざっこすくい」を行っているところを町組に発見され検挙されている。すぐさま塩町の年寄が詫びに出向くが、町組は「かねてから『ざっこすくい』は法度《はっと》で禁止されているにもかかわらず、このような所行におよんだことは見逃しがたい」として三次郎に蟄居《ちっきょ》▲を命じている。

また同年十一月には、城下加賀《かが》町の仁太郎《じんたろう》という者が漁師数人とはかって夜中に御留川（種川）のサケ一九本をとったことが発覚し、取調べのうえで手《て》鎖《ぐさり》▲の処分を受けている。仁太郎らは、とった一九本のサケのうち七本は自分たちで食べ、残り一二本を同町の庄八《しょうはち》という者に密売していた。このため、庄八も手鎖のうえで町預《まちあず》け▲とされている。実はこれ以前の一八一六（文化《ぶんか》十三）年、種川でサケの密漁を行っている者をみつけたが逃亡されるという事件があったため、種川の見物自体を禁じる法令が藩から発布されていた。逆にいえば、種川には産卵のために遡上してきたサケが多く滞留しており、それをみる見物人

▼**蟄居**　外出を禁じて、一室に謹慎させる刑罰。

▼**手鎖**　一定の期間、手錠をかける刑罰。

▼**町預け**　所属する加賀町の管理のもとで蟄居もしくは監禁の処分を受けること。

が少なからずいたことがわかる。夜中でも見物と称して辺りをうろつくことはおそらく可能で、サケ資源保全の装置である種川が一方で密漁を誘発しやすい場所でもあったことがわかる。

後年の出来事となるが、一八六八(明治元)年、村上城下に官軍《かんぐん》が進軍・駐留するという状況のなかで、つぎのような事件が発生している。この年の十月、村上城下大《おお》町で茶屋を営んでいた庄助《しょうすけ》のところに薩摩《さつま》藩士がやってきた。ところが、酒に酔った藩士が庄助に、これからすぐにサケ川に案内するよう要求する。庄助が断わると藩士は怒り出し、ついには「どうしても断わるというのならば、こちらにも考えがある」と脅しにかかってきた。庄助は仕方なく、倅《せがれ》の正治郎《しょうじろう》に命じて藩士をサケ川に案内したところ、藩士は正治郎にサケを素手でとってくるように命じる。運悪くちょうどそこが御留川(種川)であったため、庄治郎は「この場所ではサケ漁が禁じられている」旨説明するが、藩士はどうしても聞き入れない。「自分が命じているのだから、なにも問題はない。すぐにとってこい」と命じられた庄治郎は、しかたなく種川のサケを手づかみでつかまえた。ところが、庄治郎はその後、種川でサケをとったことをとがめられ、入牢《にゅうろう》の処罰を受けてしまう。十八世紀末に生み出された種川制度が、近世をとおして維持されていたことがわかる。

一方で種川制度は、すでに近世の段階で東北地方各地に拡がりをみせてもいた。すでに述べたように、庄内藩では、十八世紀末に宇治勘助から種川制度導入の献策が行われたが、この献策書は町奉行《まちぶぎょう》をとおして藩の中老《ちゅうろう》▲竹内八郎《たけうちはちろう》右衛門《えもん》へと上申されることとなった。そのうえで、宇治勘助の指図のもと、新《に》井堀《いぼり》川▲で試験的に種川制度を実施することが命じられたのである。そして、この試験的操業がある程度の成功をおさめたためか、庄内藩は一八〇六（文化三）年に月光《がっこう》川の支流や滝淵《たきぶち》川・牛渡《うしわたり》川に種川を導入していくこととなる。

仙台藩では、一八五二（嘉永《かえい》五）年に、同藩の代官《だいかん》▲（本吉《もとよし》郡南方《みなみかた》代官）をつとめていた富松惣《とみまつそう》右衛門《えもん》から、サケ資源保全政策を実施すべきだとする献策書が藩に提出されている（東北歴史博物館所蔵『陸奥《むつ》国栗原《くりはら》郡熱海家文書《あつみけもんじょ》』・嘉永五年「〈御定目留帳〉」五拾四）。富松は、このころサケの漁獲量が減少しつつあった状況をみて、どうすればサケをふやすことができるのか、本吉郡南方と桃生《ものう》郡の大肝《おおきも》入《いり》▲たちから聞取りを行うなかで、同様の事態が管轄地域内だけではなく石巻《いしのまき》な

▼中老　家老《かろう》につぐ藩の要職。宇治勘助の献策書が中老まで上申されたということは、藩中枢部で、それが検討の対象として取り上げられたことを意味する。

▼新井堀川　おそらく最上川河口部に近い新井田《にいだ》川をさすものであろう。

▼代官　仙台藩の地方《じかた》支配役人。仙台藩では、領内を四～五の行政区に分け、その一つひとつに郡《こおり》奉行を任命。その郡奉行管轄地区をさらに細分化して、それぞれに代官を設置し、日常的な領内支配を行わせた。

▼大肝入　代官の命を受けて、所轄管内の村や町の肝入・検断《けんだん》を指揮・監督する役人。代官の支配地域を一～四つ程度の地域に分け、その分割した地域に一人ずつ、地域の有力者から任命された。

どでも発生していることを知り、藩にサケ資源保全政策の採用を提言するにいたるのである。

富松は、この献策書のなかで、川で生まれ、海にでたあと、再度生まれた川に戻ってくるというサケの生態を説明したうえで、川で生まれるサケが多くなれば遡上してくるサケの量もふえると指摘した。実際、越後《えちご》や盛岡藩領では、川の上流部におけるサケ漁を差し止めたうえで、川に仕切りを設けてサケ資源の保全が行われていると述べて、仙台藩でも同様の措置をとればサケの漁獲量をふやすことができるはずだと上申したのである。

越後の河川で行われているとされる川の仕切りとは、まちがいなく種川がイメージされていると考えてよかろう。盛岡藩領については、ここでイメージされているものがなにものなのかが定かではないが、すでにみたように同藩には瀬川仕法というサケ資源保全慣行が存在していた。少なくとも、この時期の仙台藩領の大肝入たちからみると、越後と盛岡藩領はサケの資源保全に成功した先行例として認識されていたことがわかる。

残念ながら、以上のような富松からの献策に対して、仙台藩がどのように対応したのかはわからない。ただ、一八八一(明治十四)年に、今泉《いまいずみ》川および盛《さかり》川の河口部に位置する氷上《ひかみ》村など五カ村が岩手県に提出した願書のなかに、これらの地域では近世に仙台藩の管理のもとでサケ資源の繁殖に保護が加えられていたと記されていることから(本書②章「旧慣としての『瀬川仕法』」三〇〜三五ページ参照)、同藩がそののち、サケ資源の保全政策に着手したことはまちがいないように思われる。

以上の経緯にかかわっていま一つ注目されるのは、このような仙台藩の代官による献策が大肝入層からの聞取りに基づいて行われていることである。庄内藩の鶴岡町大庄屋であった宇治勘助からの献策も、文通や伝聞などをとおした私的な情報収集に基づいて行われたものであった。これらのことを考えると、サケの生態的な認識も含めて、資源保全を目的とした知が民間社会のなかを伝播して、それが献策という形で各地の藩に提起され政策化されていくという動きが、十八世紀末から十九世紀半ばの列島社会でみられたということがわかってくる。明治時代前期の資源繁殖政策を支えたのは、そのような民間社会のネットワークとその成熟でもあった。

④―資源繁殖という理念と政策の登場

資源繁殖という理念の登場

以上、明治前期の日本の漁政《ぎょせい》に、水産資源の保全や増殖を目的として生み出された慣行や制度が大きな影響をあたえていたことをみてきた。この時代には、水産資源の繁殖を推進するという国家的な方針のもと、道府県によってその具体化がはかられるが、そこでは近世に生み出された旧慣や制度が発掘され政策のなかに取り込まれていった。

ただし、ここで改めて気になるのは、なにゆえこの段階の漁政が資源繁殖という理念を掲げ、また、なにゆえ明治政府や道府県がこぞってその具体化に大きなエネルギーをそそいだのか、ということである。このことを明らかにするためには、資源繁殖政策を主導する主体となった、この段階の政府漁政の担い手たちの認識と狙いを明らかにすることが必要になる。結論的に述べると、資源繁殖を理念として掲げたこの段階の日本の漁政には、欧米諸国の漁政や理念が大きな影響をあたえていた。そこでつぎに、十九世紀末の日本の漁政を取り

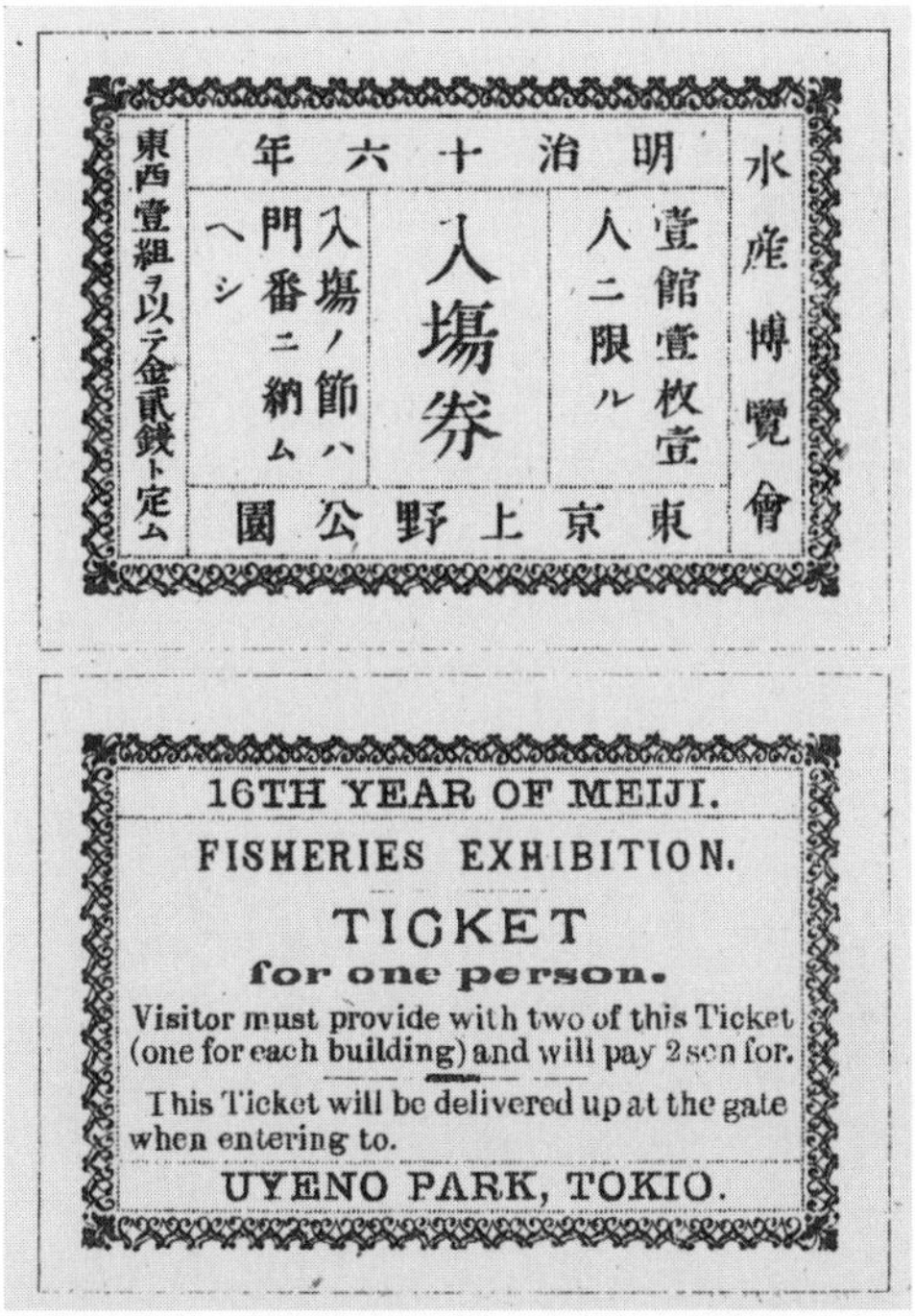

水産博覧會

明治十六年

壹館壹枚壹人ニ限ル

入場券

入場ノ節ハ門番ニ納ムヘシ

東京上野公園

東西壹組ヲ以テ金貳錢ト定ム

16TH YEAR OF MEIJI.

FISHERIES EXHIBITION.

TICKET

for one person.

Visitor must provide with two of this Ticket (one for each building) and will pay 2 sen for.

This Ticket will be delivered up at the gate when entering to.

UYENO PARK, TOKIO.

●——第一回水産博覧会入場券（『水産博覧会報告　事務顛末之部』より）

●——1897（明治30）年に開催された第２回水産博覧会で会場内に設置された水族館のようす（『第二回水産博覧会附属水族館報告』より）

まいていた世界史的状況をみてみよう。

まず、この段階の政府の担当者が日本漁政のあるべき方向性をどのように考えていたのかという問題から出発してみたい。素材とするのは、一八八三(明治十六)年の三月から六月までの一〇〇日間、東京上野《うえの》公園で開催された第一回水産博覧会である。明治時代に開催された全国規模の博覧会は、五回にわたって開催された内国勧業《ないこくかんぎょう》博覧会と二回にわたって開催された水産博覧会とからなるが、第一回水産博覧会は日本ではじめて開催された産業別博覧会であり、国内水産業のさらなる発展を目的として、全国一万五五五七人から出品物一万四五八一件を集めて開催された。このときの出品物は四つに分類され、博覧会終了後には、その区分ごとに品評などを加えた審査報告書が作成されている。

ここでは、そのなかでも、国内の漁具・漁法に審査を加えた報告書(明治十七〈一八八四〉年十二月『水産博覧会第一区第二類出品審査報告』)に注目してみよう。報告書の作成者は山本由方《やまもとよしかた》▲という人物で、当時の漁政を担った農商務省《のうしょうむしょう》の官僚であった。では、山本によってまとめられたこの報告書では、国内の漁具や漁法に対して、どのような基準から、どのような判断がくだされたのであろう

▼**山本由方**　一八八三(明治十六)年十二月の「官員録《かんいんろく》」によると、山本は農商務省農務局の六等属《ろくとうぞく》、また八五(同十八)年七月の「官員録」では同省水産局の六等属として記載されている。山本はその後、一八八六(明治十九)年に田中芳男《よしお》のもと同省における「日本水産誌」の企画に中心人物として従事、八八(同二十一)年には同省五等属、さらに同省技手《ぎしゅ》となり、九二(同二十五)年に四〇歳で病没するまでのあいだ同省漁政の中心的な担い手の一人として活動している。

か。

この報告書は、出品された国内の漁具・漁法に関する品評を、内水面で用いられるものと海水面で用いられるものとに分けて記している。ここではまず、内水面の漁具・漁法に対する報告書の評価を取り上げてみよう。

報告書では、まず、国内の内水面で用いられている漁具・漁法の精巧さが高く評価される。しかし、その一方で、多くの出品物がありながら、受賞数がわずか七つにすぎなかったことが指摘され、その理由を、漁具・漁法の「有害過酷」さのためだと述べるのである。「有害」で「過酷」な漁具・漁法という表現はなんともわかりにくいが、報告書のいう「有害過酷」な漁具・漁法とは、資源繁殖に支障をもたらす、乱獲性の高い漁具・漁法のことをさした。内水面でこのような「有害過酷」な漁具・漁法を用いると、水産資源の減少を引き起こし不漁の原因となるだけでなく、将来的にはその漁業の衰退をもたらす危険性もあると警鐘を鳴らすのである。このため、将来のことを考慮した「善良」な漁具・漁法を用いることが必要だ、というのが報告書の認識であった。

このことから、この段階における漁具・漁法の評価基準が、資源繁殖への配慮の有無にあったことがわかってくる。もちろん、このような評価基準は海水面の漁具・漁法に対しても適用され、旧来からの慣習や規約を無視した「不正不良」な漁具の使用によって、海水面でも乱獲・不漁が生じていると主張されている。「不正不良」な漁具とは、「有害過酷」な漁具・漁法と同じく、資源繁殖に反する漁具・漁法のことをさした。

一方で報告書では、行政側もこのような状況をけっして放置しているわけではなく、農商務省や道府県でも資源繁殖を目的とした対策が講じられていることも記されている。そこでは和歌山県と千葉県の事例が紹介されているが、すでにみたように、この段階の道府県では資源繁殖を目的とした法制の整備が急ピッチで進められていた。しかし報告書では、このような道府県による資源繁殖政策をきわめて不十分だと批判する。その規制はいまだゆるく、各地で「有害」な漁具・漁法が少なからず放置されていることを問題視するのである。

このことから、資源繁殖というスローガンが、「有害過酷」な漁具・漁法の放棄や改良を求める技術的なレベルのみならず、漁政のあり方を規定する政策的な理念としても提示されていたことがわかってくる。第一回水産博覧会とその審査報告書は、国内の漁具・漁法に関しては、資源繁殖という理念とそれに基づく政策をさらに推し進めようとする立場から開催・執筆されたものだったのである。

資源繁殖政策と欧米への視線

では、この段階の農商務省の漁政担当者たちが、資源繁殖というスローガンを政策理念とするようになったのは、一体なぜだったのだろうか。

ここで注目しておきたいのは、このときの報告書で示された、国内の漁業や政府・道府県の漁政に対する認識や評価が、欧米諸国の漁業や漁政との対比のなかで形づくられていたということである。たとえば報告書では、欧米との対比のなかで国内の漁具・漁法についてその精巧さが強調されはするものの、その一方でその精巧さゆえに資源繁殖に支障をおよぼしていることが問題視された。

このような認識の背後には、資源繁殖への十分な配慮を重視する欧米の漁政があった。「欧米では資源繁殖の観点から漁具・漁法に一定の規制が加えられるのに対して、日本は漁具の精巧さでは引けをとらないものの、漁民の知識不足や法制整備の遅れなどのために、資源繁殖に障害をもたらす漁具・漁法(前述した「有害過酷」な漁具・漁法)が少なくない」と主張されたのである。

そしてそれは、日本と欧米におけるサケ漁の比較をとおして、「未開国では精巧な漁具を使う傾向が強く、逆に文明国では資源繁殖への配慮から、漁具の過度の精巧さはあえて放棄されるのだ」という主張へと連なっていく。そこでは、資源繁殖への配慮の有無こそが文明と未開とを分ける基準とされ、いうまでもなく日本は後者に、欧米は前者に位置づけられた。報告書は、このような対比のなかで国内の漁業や漁政に対する批判を行い、漁業従事者と道府県の漁政に反省を求めたのである。

報告書はこうして、日本が欧米に学ぶべき項目として、国内における漁具・漁法を、資源繁殖に支障をおよぼさない「寛裕」な漁具・漁法へ転換することを説いたのである。

それは一見、みずから退歩を選ぶことのようにも見えるが、欧米諸国の漁業法では、水産資源の繁殖を図ることを目的として、「有害過酷」な漁具・

漁法の使用が厳禁されている。

日本もそれに学ばなければならない、というのがその主張であった。そのうえで、欧米の漁業法に必ず含まれる規定には、⑴産卵の保護（産卵期の操業規制）、⑵孵化《ふか》の保護（孵化期の操業規制）、⑶稚魚《ちぎょ》の保護（網目の制限）、⑷毒物の使用禁止という四つがあることを述べ、これらを国内の漁業法制に取り入れるべきだと提起したのである。

以上から、資源繁殖という国内の漁業や漁政を律する理念が、欧米諸国の漁業法との対比のなかで浮かび上がってきたものであったことがわかってくる。そして、その理念は、この段階の日本の漁政を強く拘束することとなった。そのことは、当時、欧米諸国の漁業法に含まれているとされた⑴〜⑷の四つの規定が、十九世紀末の日本で実際に整えられていった漁業法制の内容と基本的に合致していたことからもわかる。そこでめざされたのは、日本における漁業と漁政の文明化であった。

なお、以上のような資源繁殖理念の浸透は、一八七〇年代以降に海外で開催された万国博覧会や水産博覧会への参加を契機として進んだものであった。明治初期における海外博覧会と日本における漁業振興との関わりに検討を加えた関根仁氏によれば、一八七三年のオーストリア・ウィーン万博、七六年のアメリカ・フィラデルフィア万博に際して、欧米の水産業、なかでも養殖技術に対する強い関心が日本に生まれ、実際の養殖試験も開始されたとされる。水産資源に対するそのような関心はさらに、一八八〇年のドイツ・ベルリン漁業博覧会への参加をへて、水産振興を国家的な重要課題の一つとして位置づける必要性を日本政府に認識させるにいたり、日本における第一回水産博覧会の開催へとつながっていったのである。資源繁殖という理念もまた、その過程で浮上してきたものであった。

欧米諸国における資源繁殖政策

では、当時の欧米諸国では、ほんとうに資源繁殖が漁政の理念とされていたのであろうか。

結論から述べると、特定の例外(たとえばイギリスなど)を除いて、この段階の欧米諸国の漁政の基本が水産資源繁殖にあったことはほぼまちがいない。とくにドイツのほかアメリカ・カナダなどでは、それぞれの特徴をもちながらも、この時期に資源繁殖が漁政の理念として掲げられ、そのための法制整備と組織づくりとが推し進められた。ここでは、その一例として、北米とドイツの状況をみておこう。

北米のカナダ(自治領)とアメリカでは、一八八〇年代以降、五大湖をはじめとした、両国間にまたがる水域の水産資源問題に対する関心が高まる。一八九二年には双方の合意のうえで、乱獲を引き起こす恐れのある大型漁具の取締規制や水質汚染をくいとめるための規制、さらに水産資源を保全・増加させるための調査と計画立案を目的にした共同委員会の設置が取り決められている。北米でこのような水産資源問題がクローズアップされた背景には、十九世紀後半に進んだ商業漁業の急速な拡大▲(つまり、急速な水産物需要の増大とそれにともなう水産物流通の拡大)や、地域開発にともなう生活排水・産業排水の急増(による水質汚染)などがあった。

このような状況のもと、すでにこれ以前の一八六八年に、カナダ連邦政府は、漁業の取締法と、サケ・マスなどを対象に禁漁期や網目の制限などを定めた特

▼**商業漁業の拡大**　一八六九～七一年に六七〇万ポンドであったカナダの年平均漁獲高は一八八九～九一年にはおよそ二九〇〇万ポンドに増加、アメリカでも一八八〇～九〇年のあいだに水産業に従事する労働者数がほぼ倍増、水産業に対する資本投資額も一三〇万ドルから五三〇万ドルに急増している。

別保護規則とを制行し施行していた。これらの法によって、不法に漁獲された魚の売買が禁止されたほか、ダムに魚道を設けること、漁網の設置場所を制限すること、水質汚染を防ぐことなどが、罰則も含めて定められたのである。にもかかわらず、一八九〇年代にカナダがアメリカと国境を越えた漁業規制に乗り出そうとしたのは、国内問題としてだけでは水産資源問題に十分に対応できなくなっていたことがあった。実際、この時期にこのような国際的な取組みが進められたのは北米だけではなかった。たとえば一八八六年にはライン川のサケ資源を保全するためにドイツ・ルクセンブルク・オランダ・スイスの四カ国間で条約が結ばれているし、また九二年にはベーリング海のオットセイを保全するためにイギリス・アメリカ間で協定が取り結ばれている。北米の動向は、このような世界的な動向の一つだったということになる。

では、この段階に北米で作成された漁業法とは、具体的にどのようなものだったのだろうか。ここでは、さきに検討を加えたカナダのケースをみておこう。

一八九二(明治二十五)年に農商務省が欧米諸国を対象として漁業実況調査を実施するが、その際、バンクーバーの領事館から当時のカナダにおける漁業法

●──19世紀末のカナダにおける漁業法令

法令の種類	No.	法令の概要
(ア)カナダ連邦政府の法令	①	公共水面で操業する場合には，借区もしくは免許を得ること
	②	稚魚保護のための網目規定
	③	海峡や湾に網を張って魚道を遮断することの禁止
	④	禁漁期のほか毎週定例の禁漁日を設けること
	⑤	爆発物および有毒物を使用した操業の厳禁
	⑥	水車用堰を設置する際には魚道に支障のないようにすること
(イ)ブリティッシュコロンビア州の法令	⑦	網漁操業希望者は免許をえること
	⑧	サケ網の網目は5.75インチ以下とする
	⑨	浮網は潮流のある場所のみで使用可能。また河流の3分の1以上を遮断して網を操業することは禁止
	⑩	漁務大臣は各河川ごとに漁船艘数と網数を定めること
	⑪	10月15日～3月15日はトラウト漁を禁止する(トラウトの産卵保護法令)

明治25～27年「農商務大臣ヨリ欧米諸国漁業ノ情態及水産物ノ生産消費ノ実況調査方依頼之一件」(外交史料館所蔵)より作成。

の概要が報告されている（外交史料館所蔵「農商務大臣ヨリ欧米諸国漁業ノ情態及水産物ノ生産消費ノ実況調査方依頼之一件」明治二十五〜二十七〈一八九二〜九四〉年）。それによれば、(ア)全国法令（カナダ連邦政府の法令）と(イ)サケ・マスの大生産地で、フレイザー川などをかかえるブリティッシュコロンビア州の漁業関係規則が報告されているが、それをまとめたものが前ページ表である。それによると、この時期のカナダで(ア)全国法令として、(1)稚魚の保護を目的とした網目《あみめ》の制限、(2)海峡・湾・河川における魚道の遮断禁止、(3)禁漁期と毎週禁漁日の設定、(4)爆発物・毒物の使用禁止、などが定められていたことがわかる。一方(イ)では、(1)サケ網の網目制限、(2)河流の三分の一以上を遮断する漁網の使用禁止（魚道の確保）、(3)産卵期における操業禁止（産卵の保護・禁漁期の設定）のほか、(4)州内の各河川における漁船・漁網の数量規制が定められていた。この段階のカナダが、水産資源問題への対応として、漁業法制の整備を着実に進めていたことを確認できる。

ドイツにおける漁業法制整備と資源繁殖

　同様の漁業法制は、同時期のドイツでも確認することができる。ドイツでは、連邦全体に適用される全国統一的な漁業法の制定にはいたらないものの、とくに一八七〇年代に、その整備が急ピッチで進められた。そして、そこで法制整備の方針とされたのも、水産資源の繁殖という理念であった。たとえば、一八七四年にはプロイセンで、七七年にはプロイセン・ボンメルン・ボーゼン共同で漁業法制が制定。また同年には、ザクセンなど六カ国、シャウムブルクなど六カ国が連合して、共同の漁業法制がつくられている。これらの漁業法制には、水産資源の繁殖をはかるために、つぎのような二つの規約が設けられていた。(1)一つは、①毎週日曜日二四時間を禁漁とする禁漁日と、②魚類の産卵期にあわせて年間六〇日間を休漁とする休漁期の設定。(2)もう一つは、有害漁具(①毒物・毒薬・麻酔剤などを利用した漁法や、②網目・梁目《やなめ》が二センチ以下の漁具)の使用禁止であった。さらに、これらの国々では、このような水産法制の整備とあわせて、監視員を各地に派遣して操業の監視にあたらせる体制がとられた。

　また、その後、プロイセンなど一四カ国が連合して制定された漁業法制につ

▼陥穽漁具　梁《やな》や筌《うけ》など、魚を誘導したり誘い込んだりして捕る漁具。魚類を対象にした一種のワナ漁具。

いては、その全文がわかっている。これは一八七七年から八〇年のあいだに成立したもので、全二〇章からなり、その内容は次ページ表に示したとおりである。これをみると、この法制の取扱いなどを定めた数章を除いて、残りはすべて水産資源の繁殖にかかわる規定であったことがわかる。たとえば第一章では、魚卵・稚魚をとることを禁止したうえで、魚種ごとに捕獲禁止となる体長を定め、それ以下の魚をとったときにはリリースすることを義務づけている。このほか、休漁日や休漁期の設定(第四～九章)、毒物・爆薬などを使用した漁法や、夜間に火を焚き魚を集めて漁獲する漁法、さらに陥穽《かんせい》漁具▲などの禁止(第一〇・一一章)、網目の制限(第一二章)などの内容からなった。その基本はやはり、産卵活動や稚魚の保護と、資源繁殖に支障をおよぼすと判断された漁具・漁法の禁止や制限とからなったことがわかる。そして、休漁を行う水界には、その旨を記した公標をその近傍に設置して周知することが定められるなど(第六章)、その徹底がはかられた。

以上から、一八七〇年代のドイツでも水産資源繁殖が漁業法制整備の基本方針とされていたこと、そして、そのような方針に基づいて整備されつつあった

●―プロイセンなど14カ国連合によって制定された漁業法制の構成

章数	内　　　容
1	操業時の禁止事項および遵守事項(①魚卵・稚魚の捕獲禁止，②特定魚類に関する漁獲可能サイズの指定，③魚卵および規定サイズ以下の魚類のリリース義務，④本締約の勝手な変更禁止)。
2	第1章で定めた規定サイズ以下の魚類を販売あるいは搬送することを禁止する。
3	養魚場で飼養している魚については，第1章・第2章で定めた漁獲禁止対象魚種であったとしても，学術または公益のために試験を実施する場合・人工養殖に関係する場合に限って，審査のうえ漁獲を許可することがある。
4	貯水池には休漁期を設けない。しかし，海とつながっている水界は，少なくとも毎週日曜日24時間の休漁時間を設定すること。
5	海とつながっている湖水では，毎週休漁日(日曜日24時間)のほか毎年冬季(10月15日～12月14日)か春季(4月10日～6月9日)に休漁期を設けること。
6	毎年の休漁期を冬季にするか春季にするかは魚類によって異なるため，各庁に委任する。ただし休漁を行う場所には，その都度，公標(その旨を記した標識)を設置して，休漁期間中周知をはかること。
7	毎年休漁期には一切の操業を禁止する。ただし，各庁が魚類減少の危険なしと判断したときには，週1日の操業を許すことがある。その際には，その漁具は稚魚を捕獲しないものとし，常置漁具は禁止する。
8	毎週・毎年休漁期であっても，水上交通のない場所では，操業を許すこともある。
9	海水に通じている水界では，11月1日～5月31日までエビの漁獲を禁じる。
10	海水と通じていない水界であっても，①「有害漁具」・爆発漁具・有害餌料・麻酔・火薬などを用いること，②「傷害漁具」(魚叉・槍・ヤスなど)の使用，③夜間に火を焚いて魚を集めて操業を行うことを禁止する。
11	魚柵・梁・筌などの陥穽漁具(魚に対する罠漁)は，現在使用しているもの以外の新設を禁止する。
12	この定約から3年後には，目が2センチ半以下の漁具を用いることを禁止する。ただし，各庁ごとに，魚種によってやむをえない事情があるときには，特別の詮議をへたうえで許可することもある。
13	複数の庁にまたがる管轄場所について，すでに定約がある場合には，この条例中の条目の適用を除外することができる。
14	河川における人工養育を確実なものとするために，魚類(サケ・ウナギなど)の遡上を阻害するものはできるだけ除去するか，魚梯を設けるかすること。
15	地方庁単独でこの定規を変更することはできない。
16	各庁において新漁法などの試験を行い，定規に従って漁業を奨励しその発展をはかること。
17	船の通行する河川では，漁業のためにその通行を妨げてはならない。
18	この定約は連合各庁の管下に通達すること。定約の期限は10年間とする。
19	この定約によって，プロイセン・チューリンゲンとアンハルトとのあいだで結ばれた定約は，1876年5月15日をもって15章以外は廃止する。
20	この定約を承諾する際には，条末に委員の姓名を記載して交換する。

松原新之助『独乙農務観察記　水産部』より作成。

漁業法制の内容も、その後若干のタイムラグをもちながら日本において整備されていった漁業法制の中身ときわめてよく似ていたことがわかってくる。そして、ドイツの場合、このような資源繁殖政策の実施に際して大きな役割を果たしたのが、ドイツ水産協会という組織であった。

ドイツ水産協会は、水産資源繁殖の推進とそれによる富国への貢献を目的として、一八七〇年に同国皇太子を総裁にいただいて設立された。その活動資金は、会員からの会費収入のほか、魚卵採取や稚魚の移殖事業など水産資源繁殖にかかわる政府からの請負事業収入によっていた。また、資金不足のときには政府から財政支援を受けることができ、前述した政府水産関連事業の請負団体としての性格もあわせて考えると、官製的な性格の強い団体であったことがわかる。

実際、同会は、政府の漁政に深く関与してもいた。この段階のドイツ水産協会がとくに重視して取り組んでいたとされる事業を、次ページ表に示した。全部で一三の事業からなるが、学術的な試験によって漁法の適否や魚類の生態を調査すること（第十三章）をはじめとして、水産資源繁殖（「魚類蕃殖《はんしょく》」）に支障をお

●—ドイツ水産協会の重要事業

章	事　業　内　容
1	水産条例の草案を起草し，従来施行されてきた条例を取捨すること。
2	魚類の生態や現在使用されている漁具などを調査すること。
3	漁業の改良をはかること。
4	魚類繁殖の障害を除去すること。
5	水の汚染を防止する方法をつくること。
6	水産資源の繁殖に有害な動物を駆除すること。
7	水産資源繁殖に支障をおよぼす活動を停止させること。
8	魚卵採取や孵化・移殖など人工繁殖を推進すること。
9	水辺に草木を植えて，稚魚の成長・繁殖を助けること。
10	水産会社の設立を誘導すること。
11	水産物運搬の利便性を高めるとともに，従来の運搬法を改良すること。
12	いろいろな水界につながっている河海において用いる漁法を定めること。
13	学術的な試験によって漁法・魚類の生態を調査すること。

松原新之助『独乙農務観察記　水産部』より作成。

よぼすものの除去(第四章)、水質汚染の防止(第五章)、資源繁殖に有害な動物の駆除(第六章)、魚卵採取やその孵化・移殖など人工繁殖の推進(第八章)、稚魚の成長・繁殖を支える草木を水辺に植えること(第九章)など、その活動の基本が資源繁殖の推進にあったことを改めて確認できる。とともに、ここで注目したいのは、第一章にあるように、同会が政府の漁業法制の草案を起草すると同時に、既存の漁業法制についてもその内容を改正する業務を行っていたことである。同会は政府の漁政に深く関与していたのである。

実際、ドイツ水産協会のうち、ベルリンに設置された中央協会の規則(全一〇章)をみると、このようなドイツ水産協会の性格は一層はっきりする。たとえば、その第一章では、同会がドイツ全国における漁業の発展と水産資源の繁殖とをはかり、政府の水産関連事業をその指示を受けて実施することが定められていた。同会が政府漁政の下請実行機関であったことを改めて確認できる。さらに第二章では、同会が学者や漁業熟練者を常備して、さまざまな相談や質問に対応するとともに、とくに有益な情報があったときにはこれを農務卿《きょう》に上申《じょうしん》する役割をもつことが定められていた。また第三章によれば、中央協会はベルリンの農務省のなかに設置されており、年四回の大会を開催して意見交換を行うほか、政府からの諮問に答えることとなっていた。とくに緊急を要する諮問に対しては、専門の委員を設置して政府の諮問に答える役目をおっていたのである。

以上から、一八七〇年代のドイツにおいて、政府・農務省の主導のもと、水産協会をその実働・諮問機関として、水産資源繁殖政策が進められたことがわかる。水産協会の機能は漁業法制の起草や改正にもかかわるものであり、前述したドイツにおける漁業法制の整備もこのような連携のなかで進められたものであったと考えられる。そして、実は、このようなドイツ水産協会をモデルとして、一八八二(明治十五)年に日本において設立されたのが大日本水産会だったのである。同会は設立時に、水産資源繁殖の推進をみずからの使命として強く意識していたが、それはドイツ水産協会の影響によるものであった。

また、ここでさらに注目しておきたいのは、この時期におけるカナダやドイツの漁業法制と、この時期に日本の道府県で発布された資源繁殖にかかわる漁業法制との類似性である。本書でもすでに指摘したように、この時期、日本の道府県でも資源繁殖を意識した法令が連発されているが、その中身はおおよそ、(1)禁漁期・禁漁区の設定、(2)網目の制限を含む漁具・漁法の制限、(3)産卵活動および魚卵・稚魚の保護、(4)火薬・毒物の使用禁止、(5)魚道の確保、などからなった。ここまでの検討を前提とすれば、この類似は偶然ではなく、日本の漁業法制が欧米の漁業法制をモデルの一つとして構成されたために生み出されたものであったと考えることができよう。日本における資源繁殖政策の展開も、以上のような世界的な水産資源繁殖政策の展開という、同時代的状況から強い影響を受けて進められたものだったのである。

⑤—資源繁殖の時代

十九世紀末・日本の漁政と林政

前述したように、資源繁殖という理念は、国内に対しては、廃藩置県《はいはんちけん》以降を、旧慣や旧藩以来の制度(旧規)の消滅による水産資源あるいは漁業の衰退過程としてとらえ、それへの対策の必要性を述べるという論理で提起された。この結果、資源繁殖政策は実際の政策現場となる道府県では、(1)資源繁殖という理念にかなう旧規旧慣(旧来から実施されてきた規則や慣行)などの発掘・取込みと、逆に(2)その理念に反する漁具・漁法の発見・駆逐という二つの政策を軸にして進められることとなった。このような十九世紀末の日本における漁政《ぎょせい》のあり方は、同時代における欧米の漁業と漁政をモデルとして進められた、漁業と漁政の文明化の結果として生み出されたものだったと位置づけることができる。

実際、十九世紀における欧米諸国の漁政を律した理念の一つは、水産資源の繁殖であった。十九世紀末の日本の漁政は、そのような同時代の世界的な状況から大きな影響を受けて進められたのである。そのうえで、ここで気になるのは、この資源繁殖とよく似たスローガンが、この段階の日本では、漁政以外の場面でもみられたということである。その典型が、同時代の日本の林政《りんせい》であった。

水産資源繁殖政策の出発点となった一八八一(明治十四)年一月の内務省達《ないむしょうたっし》に先立つこと二カ月、同じく内務省が府県にあててつぎのような森林保全にかかわる法令をだしている。

山林の問題は、国家経済上、最重要課題である。ひとたびその制度を誤れば、気温や降雨に影響が生じることとなり、ひいては全国の殖産政策に支障をもたらすこともありうるし、また各家庭で用いる薪炭の不足をもたらすことにもなりうる。このため、全国の山林については、官有・民有に関わりなく大切にし、乱伐を防ぐことが大切である。また徐々に植林などにも着手して、「山林保護」の方針を打ち立てるよう、管轄下の人民に教え諭し、山林の荒廃を回復するよう取り組むようにせよ。

山林資源の荒廃状況を強調して、その保全的な対応をうながすという論理は、水産資源について発布された一八八一年一月の内務省達と同じものであったことがわかる。そしてこれ以後、日本の林政もまた、漁政と同じように、国内における旧慣などの調査・発掘へと向かうのである。

一八七九(明治十二)年に内務省内に山林局が設置されると、同局はすぐに森林法の作成に着手し、そのための情報収集を開始した。とくに一八八一年には、内務卿《きょう》名で全国の府県に対して、各地方における旧慣調査の依頼をだしている。それによれば、廃藩置県以降、旧藩時代の制度などが停止されたために、民有林の乱伐や官有林の盗伐などが多発していることを述べたうえで、罰則を含めた森林保護の法制を整備することが急務だと主張、その年の四月までに各地の旧規旧慣および各地方の状況に応じたアイディアの上申《じょうしん》を命じている。同局は、こうして収集した国内の旧規旧慣を集大成して、一八八三(明治十六)年に『山林沿革史』という報告書を完成させる。

以後一八九〇年代にかけて、国内の林政では、各地の旧規旧慣を取り込み活かそうとする政策がとられていった。ちなみに、漁政においても、一八八〇年代に資源繁殖を意識しつつ全国的な漁業慣例の調査が実施され、それが一八九〇年代の『日本水産捕採誌』や『旧藩時漁業裁許例』などの報告書となって結実している。この間、漁政においても、そのような旧規旧慣を発掘し政策に取り込んでいったことは、すでにみたとおりである。国内の旧規旧慣の発見と取込みという点でも、林政と漁政の動きはよく似ていたことになる。このことは逆にいえば、前近代の日本列島では、自然資源の保全や増殖にかかわる知や政策が一定度の成熟をみせていたことをも意味する。それが十九世紀末の政策を支える歴史的素地の一つとなったのである。

資源繁殖の時代と日本

もちろん、この時期の林政において意識されたのは、国内の旧規旧慣だけではない。よく知られているように、そこには、西洋の林学《りんがく》▲や林政がいま一つの重要な影響をおよぼしていた。とくに一八八〇〜九〇年代に、林学留学生と林学教育機関での教育をとおして、ドイツの森林イメージが日本の林学、さらには日本の林政の理念として位置づけられていく。そこで採用された理念が「保《ほ》続《ぞく》」▲であった。十九世紀末の日本の漁政では「繁殖」が、林政では「保続」が、その理念として位置づけられたということになる。そして、このような方針のも

▼**林学**　森林および林業に関する技術や経済・生態や文化などを研究する学問。

▼**保続**　西尾隆氏によれば、「保続」とは、「保全」(conservation)とは異なり、科学的な計算に基づいて森林の生長量と伐採量の均衡をはかっていく行為をさす一方で、「永遠保続」(everlasting)という言葉にもあらわされるような一種の情緒性・象徴性もおびた言葉として登場してきたとされている。ただし、一八八〇年代の森林関係法令では、「保続」ではなく、「保護」という言葉が使われている。

とに進められた日本の林政では、これまた同時期の漁政と同じく、警察などをも利用した強い取締りが行われた。ことにこの時期の日本では、入会地《いりあいち》▲の官有林への編入、さらには官有林からの農民の排除が推し進められたため、林政は必然的に取締り的な性格を強くおびることとなった。農民の利用慣行を排除して進められた官有林の整備は、必然的に盗伐や放火など農民たちからの反発を引き起こしたからである。

このような日本の林政は、当時の東アジアでは特異なものであったらしく、一八八七年に上海《シャンハイ》で発行された絵入り新聞『点石斎《てんせきさい》画報《がほう》』には、つぎのような記事が掲げられている。

近頃は、日本は西洋に倣い、全国的に植物を保護する措置を採った。都市の郊外では日差しを遮るほど松林が繁り、木陰が心地よい。ほとんどの樹は樹齢百年以上である。道しるべや通行人の憩いの場としての役割も果たしている。乱伐禁止令が公布されたのは、確かに善政であるといえよう。しかし、法が厳格に過ぎ、違反した者は必ず処刑される。一度に十数人の乱伐者が処刑されたことすらある。（石暁軍編著『「点石斎画報」にみる明治日

▼**入会地**　特定地域の住民が、肥料や飼料・薪炭・木材などを採取するために、共同で用益している森林や草原などの土地。ここでは、とくに入会林をさす。

●――盗伐の取締り(『点石斎画報』より)

本』)

強い取締り的な性格が、このころの日本の林政を特徴づけるものであったことがわかる。

ところで、ここでいま一つ注目しておきたいのは、この時代、とくに十九世紀が、欧米諸国でも森林法制の整備期にあたっていたということである。それが進むのは十九世紀の二〇年代以降で、各国で森林法・森林保護法の成立が連続したことがわかっている。そこではフランス森林法がもっとも古く一八二七年に成立、これ以降、バーデン三三年、バイエルン・オーストリア五二年、ベルギー五四年、ノルウェー六三年、プロシア七五年、スイス連邦七六年、イタリア七七年、ユルテンベルクヒ・ハンガリー七九年、ロシア八八年と続いていく。

このおよそ六〇年間における森林法制の続出は、産業革命の影響を強く受けたものであったが、それらに共通する特徴は国家による監督・取締りの厳しさにあった。このほかにも、十九世紀末には、イギリス領インド森林局において、乾燥化理論▲とそれに基づく森林保護政策が確立することが明らかにされている。

▼**乾燥化理論**　森林の枯渇が土地や気候に重大な影響をもたらすという理論。

日本では、十九世紀末にその草案づくりがはじまり、一八九七(明治三十)年にはじめての森林法が制定されるが、それもまた、以上でみたような欧米諸国における森林法制制定の動きから強い影響を受け、その同時代的な状況のなかで進められたものであった。

こうしてみてくると、十九世紀後半という時代は、漁業においても林業においても、資源問題が強く意識され、その繁殖や保続が世界的規模で意識化された時代として浮かび上がってくる。時代は、まさに「資源繁殖の時代」の様相を呈していたことになる。この時代は、自然資源に対する人類の接し方とそれを律する知や考え方に、大きな変化が世界的規模で生じた時代であったと位置づけることができよう。また、この時代にはアメリカやイギリス領インドなどで自然保護思想が生み出されてくるが、これも偶然ではなく、それは自然資源に対する人類の接し方やそれをめぐる知や思考のバリエーションの一つとして生み出されたものだったと位置づけることができよう。

実際、この時代には、自然資源の生態やそれを取り囲む環境などに関する科学的な知見が大きく増大していく。それは多くの場合、あらたな自然資源の発見や保全・増産を目的として行われたものではあったが、一方でそれらは二十世紀にかけて環境保護思想や環境思想を支える基盤の一つともなっていくことが予想される。十九世紀末の日本は、このような時代的空気のなかで、資源繁殖という理念を日本の漁政を律する理念として取り込んだのであった。

●―図版所蔵・提供者・出典一覧(敬称略，五十音順)

秋山高志ほか編『図録 山漁村生活史事典』柏書房　p. 25上
大田区立郷土博物館　カバー表
大場俊雄『房総の潜水器漁業史』崙書房　p. 17上
河内神社・新潟県立歴史博物館　p. 55下
個人蔵・横浜市歴史博物館　p. 17下
財団法人村上城跡保存育英会・新潟県立歴史博物館　カバー裏, p. 49上・下
滋賀県立琵琶湖博物館　p. 25下
社団法人農山漁村文化協会(提供)・千葉寛(撮影)　p. 6
鈴木彰・新潟県立歴史博物館　p. 61
石暁軍『「点石斎画報」にみる明治日本』東方書店　p. 98
千葉県立安房博物館　p. 8下
独立行政法人国立公文書館　p. 21上, 73上・下
独立行政法人水産総合研究センター中央水産研究所・大田区立郷土博物館　扉
農商務省水産局編纂『日本水産捕採誌(復刻版)』岩崎美術社　p. 8上
望月賢二監修・魚類文化研究会編『図説 魚と貝の大事典』柏書房　p. 7, 21下

合出版，2011年）
松原新之助『独乙農務観察記　水産部』農務局，1881年
水野祥子『イギリス帝国からみる環境史——インド支配と森林保護』岩波書店，2006年
村上市編『村上市史　通史編２　近世』村上市，1999年
『明治前期産業発達史資料　第九集（五）』明治文献刊行会，1965年
望月賢二監修・魚類文化研究会編『図説 魚と貝の大事典』柏書房，1997年
横浜市歴史博物館・横浜市ふるさと歴史財団編『移りゆく横浜の海辺—海とともに暮らしていた頃—』横浜市歴史博物館，1999年
Margaret Beattie Bogue “To Save The Fish : Canada, the United States, the Greate Lakes, and the Joint Commission of 1892”, *The Journal of American History,* vol. 79, Issue 4 (Mar. 1993)

2004年)
関根仁「明治一六年水産博覧会の開催」(『日本歴史』671, 2004年)
高橋美貴『近世漁業社会史の研究』清文堂出版, 1995年
高橋美貴「一九世紀における資源保全と生業—秋田県・八郎潟の漁業を事例として—」(『日本史研究』437, 1999年)
高橋美貴「近世における『漁政』の展開と資源保全」(『日本史研究』501, 2004年)
高橋美貴「〈資源保全の時代〉と水産——一九世紀における資源保全政策の世界的潮流と日本—」(『歴史評論』650, 2004年)
高橋美貴「一九世紀末・日本における水産政策の特徴と同時代史的位置」(『日本史研究』533, 2007年)
高橋美貴「一九世紀末の漁政と資源繁殖—日本の漁政とドイツの漁政—」(『歴史科学』188, 2007年)
筒井迪夫『森林法の軌跡』農林出版, 1974年
筒井迪夫『日本林政の系譜』東京大学出版会, 1987年
鶴岡市史編纂会編『鶴岡市史　史料編　荘内史料集11　鶴ヶ岡大庄屋宇治家文書　上巻』鶴岡市, 1982年
出口晶子『川辺の環境民俗学—鮭遡上河川・越後荒川の人と自然—』名古屋大学出版会, 1996年
寺岡寿一編『明治初期歴史文献資料集　第一集　明治初期の官員録・職員録　第五巻・第六巻』寺岡書洞, 1980・81年
新潟県内水面漁業協同組合連合会『四十年のあゆみ』1982年
西尾隆『日本森林行政史の研究——環境保全の源流』東京大学出版会, 1988年
「日本の食生活全集　秋田」編集委員会編『日本の食生活全集⑤　聞き書 秋田の食事』農山漁村文化協会, 1986年
野本寛一「心意の中の動物」(『講座 日本の民俗学 4　環境の民俗』雄山閣出版, 1996年)
萩野敏雄『日本近代林政の基礎構造—明治構築期の実証的研究—』日本林業調査会, 1984年
藤田佳久『日本・育成林業地域形成論』古今書院, 1995年
麓慎一「北海道で魚を増やす三つの方法—『人工孵化』・『種川制度』・『魚付林』—」(湯本貴和編, 田島佳也・安渓遊地責任編集『シリーズ日本列島の三万五千年—人と自然の環境史 4　島と海と森の環境史』文一総

●—参考文献

赤羽正春『ものと人間の文化史　鮭・鱒Ⅰ・Ⅱ』法政大学出版局，2006年
秋庭鉄之『鮭の文化誌』道新選書，1988年
網野善彦ほか編『日本民俗文化大系〔普及版〕第九巻　暦と祭事—日本人の季節感覚—』小学館，1995年
岩本由輝『漁村共同体の変遷過程—商品経済の進展と村落共同体—』御茶の水書房，1977年
岩本由輝『南部鼻曲り鮭』日本経済評論社，1979年
岩本由輝『村と土地の社会史—若干の事例による通時的考察—』刀水書房，1989年
大植四郎編『明治過去帳　物故人名辞典 新訂版』東京美術，1971年
大島泰雄『水産増・養殖技術発達史』緑書房，1994年
大田区立郷土博物館編『明治時代の水産絵図』大田区立郷土博物館，1995年
大場俊雄『房総の潜水器漁業史』崙書房，1993年
大日方純夫『日本近代国家の成立と警察』校倉書房，1992年
神野善治「藁人形のフォークロア」(『列島の文化史１』日本エディタースクール出版部，1984年)
国史大辞典編集委員会編『国史大辞典』吉川弘文館，1979-97年
後藤雅知・吉田伸之編『史学会シンポジウム叢書　水産の社会史』山川出版社，2002年
佐藤重勝『サケ——つくる漁業への挑戦』岩波新書，1986年
滋賀県立琵琶湖博物館編『琵琶湖博物館展示ガイド』滋賀県立琵琶湖博物館，1998年
末広恭雄『魚の博物事典』講談社学術文庫，1989年
菅豊『修験がつくる民俗史—鮭をめぐる儀礼と信仰—』吉川弘文館，2000年
菅豊『川は誰のものか——人と環境の民俗学』吉川弘文館，2006年
鈴木鉀三『三面川の鮭の歴史』財団法人イヨボヤの里開発公社，1982年，1995年再版
石暁軍編著『「点石斎画報」にみる明治日本』東方書店，2004年
関根仁「明治初期における海外博覧会と漁業振興—1880年ベルリン漁業博覧会参加を中心に—」(『大学院年報　文学研究科篇(中央大学)』33,

日本史リブレット 90

「資源繁殖《しげんはんしょく》の時代《じだい》」と日本《にほん》の漁業《ぎょぎょう》

2007年10月31日　1版1刷　発行
2018年8月30日　1版3刷　発行

著者：高橋美貴《たかはしよしたか》

発行者：野澤伸平

発行所：株式会社 山川出版社

〒101－0047　東京都千代田区内神田1－13－13
電話 03(3293)8131(営業)
03(3293)8135(編集)
https://www.yamakawa.co.jp/
振替 00120-9-43993

印刷所：明和印刷株式会社

製本所：株式会社 ブロケード

装幀：菊地信義

Printed in Japan ISBN 978-4-634-54702-5

日本史リブレット　第Ⅱ期［全33巻］

〈白ヌキ数字は既刊〉

第Ⅰ期［全68巻］

〈すべて既刊〉